黄冈职业技术学院学术出版基金资助出版

四川卤水
实用调制技术

王青华　编著

中国轻工业出版社

图书在版编目（CIP）数据

四川卤水实用调制技术 / 王青华编著. — 北京：
中国轻工业出版社，2024.4
ISBN 978-7-5184-3262-2

Ⅰ.①四… Ⅱ.①王… Ⅲ.①川菜—凉菜—菜谱
Ⅳ.①TS972.121 ②TS972.182.71

中国版本图书馆CIP数据核字（2020）第224303号

责任编辑：方　晓　　责任终审：劳国强　　整体设计：锋尚设计
策划编辑：史祖福　　责任校对：晋　洁　　责任监印：张　可

出版发行：中国轻工业出版社（北京鲁谷东街5号，邮编：100040）
印　　刷：三河市国英印务有限公司
经　　销：各地新华书店
版　　次：2024 年 4 月第 1 版第 4 次印刷
开　　本：787×1092　1/16　印张：8.5
字　　数：175千字
书　　号：ISBN 978-7-5184-3262-2　定价：49.00元
邮购电话：010-85119873
发行电话：010-85119832　　010-85119912
网　　址：http://www.chlip.com.cn
Email：club@chlip.com.cn

序一　卤教结合，意义深远

中国特色社会主义进入新时代，人们安居乐业，生活越来越美好。饮食生活是美好生活的基础，关系到我们生活最基本的幸福指数。烹饪技术的发展对满足我们生活所需极其重要，与之相联系的烹饪人才培养更是至关重要。

黄冈职业技术学院的办学历史最早可追溯至创建于1949年的黄冈专区财经干部班，1999年，黄冈财贸学校、黄冈机电学校、黄冈农业学校合并组建并升格为黄冈职业技术学院。其烹饪专业始建于2008年，是湖北省最早开展烹饪职业教育的高职院校之一，是首批国家现代学徒制试点专业、湖北省特色专业。王青华老师在本校从事中餐烹饪教育已有五年时间，将自己多年行业经验倾囊相授，将教学与实践相结合，深受学生喜爱；课余时间更是能够悉心钻研烹饪技艺，尤其在卤菜制作方面颇有见解，利用近4年时间编撰完成《四川卤水实用调制技术》一书。本书的完成和出版是我校以及烹饪行业的一大幸事，填补了卤水调制理论指导的空白，纵观整书，具有几个特点。

一是时效性。目前市场上的卤味餐饮品牌竞争激烈、卤味流行菜肴广受追捧，卤菜烹制技术的市场潜力不言而喻。该书立足市场，从制作卤菜工艺着手，深入剖析，将理论与实践相结合，在市场与教学方面都具有一定的实效作用。本书既可以作为烹饪专业学生一专多能的参考书，同时也可以作为餐饮企业凉卤从业者、卤菜创业者以及卤菜兴趣爱好者的学习、实践的工具书。书中不仅有理论指导，还有多种传统卤水的配方以及市场流行的卤水配方，对于初学者与卤菜烹制从业人员系统地了解卤水知识体系都能够在一定程度上起到相应的帮助作用。

二是实践性。该书既有王青华老师近20年的烹饪经验的沉淀，又有潜心总结、归纳、研究的新成果。如该书第二章与第三章内容，就是王青华老师关于多年使用香料烹制菜肴和卤菜的实践心得体会，也是2017年以来王青华老师所发表的关于川味卤水论文的结晶；第八章内容，详细地介绍了多种四川卤菜烹制实例。该书是一本操作性较强、有一定参考价值的书。

　　三是指导性。长远来看，从就业创业层面思考，该书为丰富卤菜、凉菜单品市场多样化风味、满足差异化需求以及提高烹饪专业学生的创新创业能力起到一定的推动作用。对烹饪专业的《特色单品训练》《菜点创新》《大学生创新创业》等课程的教学内容提供理论和技术支撑以及创业项目参考。我校烹饪专业坚持校企合作、产教融合的办学模式，形成了具有鲜明特色的"共享基地+流动岗位"现代学徒培养模式，其中学生自产自营、自负盈亏的"校内生产性实训基地"极具专业特色。该书对于指导烹饪学生进行卤菜单品的创新能力的培养、创业实践能力的提升具有较强的指导作用，并且极具推广普及性，可以进一步指导社会创业技术培训。

　　川菜作为目前市场上最受欢迎的中餐菜系之一，川式卤味可以为荆楚风味卤菜开发和创新提供借鉴。湖北省政府大力倡导发展楚菜饮食文化，叫响楚菜品牌，作为湖北的烹饪职业教育高职院校，我们任重道远。王青华老师作为地道的四川人，在湖北生活工作已有多年，对楚菜也有了一定的了解，其《四川卤水实用调制技术》一书对于指导荆楚风味卤菜的研发创新、传承楚菜技艺、发展楚菜饮食文化，具有深远意义。

黄冈职业技术学院校长

姜安心

2020年12月

序二 川味卤水，活色生香

提起四川的卤菜，除了经常给外地人留下的印象外（比如丰富多彩、味绝奇香、好吃不贵之类），还多少带着那么点神秘感，尤其是在二十世纪八九十年代，伴随着无数外出打工的四川劳动力大军，川厨也以自己的制肴技艺在外面为川菜赢得了前所未有的声誉。记得那个年代的外省人对川菜还普遍缺少认识，我们《四川烹饪》杂志也经常收到外省乃至国外读者要我们答疑解惑的来信来电，而在读者所提要求中，就有不少是请我们多介绍川式卤菜，多收集并推荐知名老字号（比如夫妻肺片、盘飧市、香风味等店）的卤水配方，那时甚至有读者从外省专程来找我们——让帮忙联系川菜馆学做卤菜。的确，三十年前四川这边的卤菜（无论荤素）都跟外面许多地方见到的卤货有着明显差别，而这些不同还不只是川厨调制卤水所讲究的汤、色、味、香，更多的还表现在巴蜀民间家庭做卤菜时，对原料的初加工，对常用香辛料的搭配，对不同卤水配方的调制，以及对卤煮火候的掌控等都有一个不成文的标尺，那就是看其是否"活色生香"。可以说"活色生香"既是对卤菜成品优劣的判别标准，也是对不同类型卤水在调制及运用方面的一个基本要求，当然，"活色生香"在四川人的厨房智慧里从来都不会简单抽象，大家对卤水卤菜反倒是有着诸多具体的要求，不然，这川式卤水卤菜又怎么会在许多年前就给外面的人留下"独树一帜"的印象？

对消费者来说"活色生香"好理解，可是对专业厨师来讲就没那么简单了。怎么"活"？怎么"香"？这可不是一两句话能讲明白的，要知道，这背后的经验和智慧可是无数前辈在长期工作实践中积累总结出来的，对于新入行的厨师或家庭烹调爱好者来说，要想学到调制卤水、制作卤菜的手艺，或者是已经有基础者还想掌握某些诀窍绝招的话，那就更需要去找能帮助自己的专业图书了。人们常说：读书长见识，开卷必受益。我接下来就给大家推荐一本既对路又实用的专业图书——《四川卤水实用调制技术》。

说来有关卤水卤菜的书以前也有出版，不过在我看来，由青年教师王青华编著的这本书，不仅对川式卤水卤菜的知识讲解更专业，而且在行文风格上也显得更加简洁且通俗易懂，相信读者在学习乃至反复研读的过程中体会更深。在书中，作者除对卤水基础知识及烹调运用原理做了深入浅出的阐释外，还用相当的篇幅对调制卤水会用到的香辛料及其合理搭配规则，以及不同风味的卤水调制都做了分门别类的介绍。值得一提的是，作者在书中不仅分析讲解了传统的五香红卤水、五香白卤水和辣卤水，而且还把近二十年在川渝餐饮市场风起云涌的油卤、藤椒卤水、现捞卤水等品种的配方及其调制方式也逐一推介给读者，通览全书，作者并没有刻意保留什么，而是坦然地把自己在工作实践中所积累的经验和配方数据全都拿了出来。正是因为作者在编写过程中特别注重内容的实用性和指导性，才让我们现在看到的这本书显得"干货"多多。

如今，全国各地喜欢川式卤水卤菜的朋友已变得越来越多，他们当中仍有许多人对川式卤水卤菜抱有好奇心，作为生活中对厨房厨艺感兴趣的一个庞大社会群体，都想更多地了解这方面知识，所以《四川卤水实用调制技术》有希望成为我们川菜书林的又一本大受欢迎的畅销书。

《四川烹饪》杂志原总编

2020年10月

于四川·成都

序三　人生卤味

忽如一夜春风来，千街万巷卤香飘。说的是如今处处可见的"现捞"的招牌，亮相于掌灯时分，颇有诱惑之色，更具诱惑之味。"现捞"者，现卤现卖之卤菜。可谓洋名字，老玩意儿。卤菜不是舶来品，乃正宗传统食品。清代李化楠《醒园录》就记载了卤、煮、熏等制作菜肴的三十余种方法。李化楠何许人也？四川罗江人，其子李调元，名气更大，但在好吃方面，并不逊于他父亲。这部《醒园录》为李调元整理其父的文字而成。论普遍和喜食程度，四川是卤菜之大宗。晋代常璩撰《华阳国志》称蜀人"尚滋味，好辛香"。卤菜不正是这一特点的体现吗？现在年轻人忽然爱上了卤菜，因为这卤菜确乎好吃，而且现成，回家路上，买上三两样，荤的、素的，搭配一下，到家即食，再佐以美酒，美不胜言。倘若远行，出省出国之类，有一二样卤味相伴，家乡滋味可寻可感，岂不乐哉？

卤菜之美，食之者当有体会。但如果你不满足于做一个普通的食客，进而想了解卤菜之一二，再或者，你有自行烹制之愿望，你肯定要寻一本写卤菜的书来一窥究竟。对于那些厨界中人，掌勺的、搞研究的、做学生的，更是需要这样一本既有理论指导又有实践方法的书。现在，有一本这样的书真的出现了，即黄冈职业技术学院烹饪专业青年教师王青华所著的《四川卤水实用调制技术》。

王青华，四川广安人，2003年学厨，从打荷、水台、做墩子开始，一直做到名店的厨师长。他做事认真、喜钻研，好读书、能写作，是厨艺界少有的"文武才全"，文能码字撰稿、著书立说，武能上灶烹菜、雕花拼盘、打荷切配。先后在《四川烹饪》杂志上发表了许多颇有见地的烹饪文章，令人刮目相看，可谓厨师行业中的凤毛麟角。正是由于他"文武双全"才有幸成为黄冈职业技术学院烹饪教师。虽然，一个厨师长的收益远在教师之上，但王青华更愿意教书育人，兼做研究，大有做学问家的志向。

早些年前，王青华就开始专注于卤菜的研究与实践，从他发表在

《四川烹饪》杂志上的《从零构思设计川味卤水》《探索川味卤水之用汤》《探索川味卤水之调色》《探索川味卤水之调味》等文章，可以看出这些通俗易懂的烹饪技术原理文章背后所具备的丰富实践经验和深厚的理论造诣，为他日后编著《四川卤水实用调制技术》奠定了基础，也为他人生转换起到了相当重要的作用。可谓，卤味开启了他的新人生。

《四川卤水实用调制技术》最大的亮点是用通俗易懂的语言将调制卤水的基本原理讲述得一清二楚，这是十分难能可贵的。同时还涵盖了卤水的基本概念、香料及搭配方法、卤菜原料的初加工、四川卤水和卤菜的制作（包括传统五香红卤水、传统五香白卤水、四川辣卤、现捞卤水、藤椒卤水、泡菜卤水、四川油卤烹制）以及四川卤菜自制调味料与蘸碟的制作方法等。

对于那些卤菜业的实践者、爱好者来说，这本书有一部分令人十分惊艳的内容，那就是"四川卤菜烹制实例"，内中有食客耳熟能详的卤菜菜品，如红卤卤菜中的四川卤牛肉、五香猪蹄、红卤猪耳、红卤鹅翅、卤香肥肠；白卤卤菜中的白卤土鸡、白卤鸭翅、白卤猪肚；辣卤卤菜中的辣卤羊蹄、辣卤白鸭、辣卤鸭脖；油卤卤菜中的油卤鸡爪、油卤鸭舌、油卤牛肉等。

有关烹饪技术的书，要有知、有感，还要可行。倘若冠以"学"之名，也毫不为过，王青华的这本书既有理论深度又有实践技术的高度，实践与理论珠联璧合、相得益彰，确可称得上是一部上好著作。所谓照猫画虎，有心人，定能从中受益。

四川大学农产品加工研究院高级顾问

曹靖

2020年9月

于四川·成都

前言

"卤"到底始于何时？并无准确定论，古人的烹调方法相对简单，多以"烤、炖、煮"为主。据文献考证，晋代的《华阳国志》就有蜀人"尚滋味，好辛香"的饮食习俗和"鱼盐、茶蜜、丹椒"等记载。从中可以看出，在晋代就有使用井盐和蜀椒煮制食材的工艺。从元代《饮膳正要》所记载的砂仁、草果、豆蔻等香辛料的使用与食疗作用来看，古人随着对调料的逐步认识与使用，在煮制原料时加入所需调料，使其产生一定的味，而"煮"经演变发展，逐渐延伸出卤制技术。清代《调鼎集》详细地记载了卤鸡、卤蛋的配方与做法；而清代的《醒园录》也记载了卤、煮、熏等制作菜肴的烹调技法，多达30余种。从中可以看出，在清代时期，卤菜的烹制技术已经非常成熟了。

尽管如此，但在浩瀚的烹饪典籍中并没有相对完整的、系统的、详细的关于卤菜烹制技术的著作，关于卤菜烹制技术的记载仅停留在制作配方、流程和要点的基础上。为此，以前辈烹制卤菜的经验为基础，以现代烹饪原理和调味原理为核心，以四川卤水调制技术为依托，以四川卤水配方为引导，以自己近二十年的烹调经验为参谋，以提高卤菜烹制者的实际操作能力和水平为目的，本着理论与实践相结合的基本原则，从制卤工艺流程着手，将烹制卤菜的过程分为汤、色、味、香、火候五大步骤，系统地讲述了卤水烹调工艺原理和技术要领。这是将自己在烹饪行业近二十年的工作经验和感悟，结合大量的资料，对卤水调制技术进行了一次相对全面的解读，同时也提出了一些新的概念，尤其对香料的搭配和使用，有着简单、实用而又独特的见解，有的内容带有明显的个人领悟和工作笔记的痕迹。在撰写阶段细致严苛，务求严谨，一遍遍打磨书稿，对书稿进行逐字逐句的精心加工，力求通俗易懂、简单明了，确保理论指导实践的可行性。

本书由王青华拟定写作大纲并编著成书，由周常青担任主审，曹靖、杨清、常福曾担任技术顾问，图片摄影由张先文、田道华、韦伟完成，在此表示衷心的感谢。

在此，向本书所列参考文献的每一位作者表示诚挚的感谢！特别感谢黄冈职业技术学院周常青教授、杨清、易东成、申丹、韦伟老师；武汉市第一商业学校常福曾大师；《四川烹饪》杂志社王旭东、田道华和张先文以及四川大学农产品研究院高级技术顾问曹靖大师的支持和帮助。

本书系统全面地阐述了卤水调制技术原理，其实用性强、内容丰富、资料来源广泛，既可作为职业院校烹饪专业和相关培训机构的教材，也适合作为卤菜创业者和凉卤工作人员的读本。希望书中所提供的方法、理念和思维以及相关的配方能对读者有所帮助。

卤水烹调涉及烹饪原料学、烹饪工艺学、烹饪调味学、香料化学、中药学等多个领域的知识，涵盖内容广泛，加之笔者自身水平与掌握的相关资料有限，书中难免存在不妥之处，恳请各位同行专家以及读者批评指正。

王青华

2020年5月

于四川·成都

目录

第一章

卤水基础知识

"卤"是制作冷盘菜肴的一种烹调方法，也是红案烹调技术之一。卤菜适宜佐酒，是各地方菜肴中的主要冷菜品种。卤菜荤素皆可，既可卤制单一食材，也可将多种食材放在一起卤制。

第一节　卤的基本概念

卤，是以水为导热介质的一种富有特色的，在冷菜烹制中颇有影响的传统烹饪技法。我国地域辽阔，南方与北方的人们生活习俗也不尽相同，传统烹饪典籍中将"卤"这种烹调技法分为南北两派，常有"南卤北酱"的说法。卤水与酱汤两者实为异曲同工之作，其本质皆是用汤调味和用汤烹制中式菜肴的一种方法。南方称为"卤水"，川式卤水用糖色调色；粤式卤水用酱油、红曲调色；苏式卤水则口味偏甜。北方统称"酱汤"，重用酱油，传承于山东鲁菜，也可称为"鲁卤"。虽各有千秋，其实做法均是共通的。在不同的卤水中，我们可以感受到其内涵的丰富与变化的有机融合。

卤，是将初加工好的原料或预制的半成品，放入现配或原有（预先）调制好的卤汤中加热，煮至成熟并使卤汤的香味与滋味渗入原料内部的冷菜制作方法。原料可荤可素，一般选用猪、牛、鸡、鸭、鹅等及其内脏，以及竹笋、海带、豆干、腐竹、土豆等。制成后，冷食、拌食、热食均可。卤制品统称卤菜、卤货或卤味。因卤汤重用香料，所煮卤的菜肴鲜香而浓郁，不失为佐酒之佳肴。

卤，在不同的区域（地方），有着不同的呈现方式。卤菜各地均有，名品众多、特色各异。讲究新鲜的现卤，不追求老卤的沉香，每次现配卤汤，卤汤多不保留，香料品种使用较多。老卤追求香味与滋味的醇厚，卤汤重复使用，香料几乎日日添加，香料品种仅需几种或十余种即可。红卤因配制时使用酱油或糖色等着色物，因成品（卤菜）色泽红褐而得名。白卤烹制时不使用任何着色物，卤制品以原料自身颜色为主，突出本味。卤菜口味上有咸鲜、麻辣、甜辣等多种口味。卤菜烹制口味的多元和形式的多变，实则就是不同食材与不同滋味合二为一的具体展现。

卤，虽然俗称卤水，但实际上，卤、卤水、卤菜是有本质上的区别的。"卤"是一种中式烹调技法，是制作卤菜的方法。"卤水"是用于烹制卤菜所必需的汤料，是具有多种滋味和香味的复合型风味的液态物质。"卤菜"是用具有多种滋味和香味的复合型风味的汤料将原料煮至成熟入味的、可以直接食用的菜肴。

第二节　卤菜烹调要点

卤菜是使用卤水烹制而成的，要制好卤菜，突出卤菜应有的风味，烹制过程中须掌握以下要点：

1．调制好原卤

各地卤菜风味不尽相同，所使用的卤水配方也有所不同。但第一次调制卤水时，都会使用鸡、鸭、猪骨和猪肉等食材，加入适量的清水、香料和调味料，先用大火烧沸，然后再用小火慢慢熬制（业内俗称"制汤"），直至锅中食材酥烂、汤汁浓稠，即得原卤水。

2．卤水香料使用要适中

各地卤水对于香料使用的品种和用量不尽相同，通常使用八角、桂皮、花椒、草果、小茴香、白豆蔻、公丁香等，使用时有的品种多，有的品种少，所以形成的风味特色也有所不同。根据食客口味要求和当地饮食习俗，所选用的香料品种与用量可适当增减。卤过多次（一般三次）的老卤，还应及时更换香料，以保持卤水原有的香味浓度。

3．卤制食材一定要制净

对于异味、污物较重的禽畜内脏，必须彻底翻洗，焯水后再进行卤制。有的食材需要浸漂出多余血水，然后经腌制、焯水后再卤。

4．掌握好卤制时间和火候

掌握好卤制食材的时间和火候，是烹制好卤菜的关键所在。卤制时间要根据食材的性质灵活处理，质地较老的食材卤制时间要久一些，质地较嫩的食材卤的时间则稍短一点。通常先用旺火烧沸后改小火卤至食材成熟入味。

5. 保存好卤水

卤制原料后的卤水，必须及时烧沸冷却，中途不能掺入生水，防止卤水变质。夏季必须每天至少烧沸一次，冬季每隔一天须烧沸一次。老卤每次卤制食材后应将香料捞出保存，同时酌情加入热鲜汤烧沸，使老卤卤汤不致减少。卤荤料多时，还需去掉浮沫、撇去多余卤油，过滤卤水后再烧沸，然后自然冷却保存。

第二章

卤水调制
常用香辛料

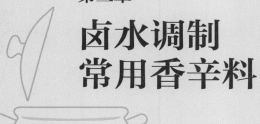

香辛料简称香料，又称调香料、香原料、香味调料等，指可用于各类食物或菜肴中，具有增香、赋香、抑臭以及赋予食物特殊风味等作用的天然植物香料。香辛料主要来源于植物的种子、茎叶、花蕾、根等。香辛料香味各异，作用也不尽相同，传统卤水调制均使用天然香辛料作为调香手段，所以要想卤水富有独特的香味，就必须了解香辛料相关知识。

第一节　常用香辛料

卤水调制常用的香辛料主要有八角、肉桂、公丁香、胡椒、草果、白豆蔻、肉豆蔻、小茴香、高良姜、白芷、砂仁、草豆蔻、山奈、花椒、月桂叶等。

1. 八角

别名

大茴香、八角大茴、大料、舶茴香、八角香、八角珠等。

来源

本品为木兰科八角属植物八角的干燥成熟果实。

八角

原料特征

八角是由八枚蓇葖果集成的聚合果，各分果近等大，放射状排列于中轴上，蓇葖果长1~2厘米，高0.5~1厘米，表面棕褐色或红褐色，整体果皮肥厚，有不规则皱纹，果实顶端钝或钝尖，果皮较厚，上侧多开裂成小艇形，内表呈淡棕色，有光泽。每个蓇葖果含有1粒种子，扁卵圆形，呈红棕色或灰棕色，有光泽。果梗弯曲，长3~4厘米，容易脱落。

产地产期

主产于广东、广西、云南、贵州、福建等省；每年4月和10～11月采摘两次。

选购要点

以颗粒整齐、色泽深褐、香味浓郁，无异味、杂质、虫害、沙土等为首选。

贮藏保管

宜封存于玻璃瓶中，置于阴凉通风之处。

烹调应用

八角气味芳香，味辛、甜，为我国传统烹调作料。八角可去除肉类腥膻异味、增加肉香味、促进食欲，是使用面较广的香辛料，是配制五香粉、十三香等复合香辛料的主要原料之一。

2. 丁香

别名

公丁香（花蕾）、雄丁香、丁子香等。

来源

本品为桃金娘科植物丁香的干燥花蕾。

公丁香

原料特征

丁香花蕾略呈研棒状，长1～2厘米，上端花冠近圆球形，直径0.3～0.5厘米，花瓣4片，覆瓦状抱合，呈球形，棕褐色或黄褐色，花瓣内为雄蕊和花柱。下端萼部呈圆柱形而略扁，有的稍弯曲，长0.7～1.4厘米，直径0.3～0.6厘米，红棕色或棕褐色，上部有4枚三角状的萼片，十字状分开。

主产于坦桑尼亚、印度尼西亚、马来西亚等地，在我国海南、广东等地也有栽培；花蕾呈鲜红色时采摘。

选购要点

以颗粒大、粗壮，油性足、香气浓郁、色泽紫棕或红棕，入水下沉，有香草的甜香者为佳。

贮藏保管

宜装入麻布袋中，置于通风良好之处。

烹调应用

丁香是香辛料中香气较强的品种之一，气味芳香浓郁，带有强烈果样甜香和胡椒的辛香，味辛辣，有点苦和涩，微有麻舌感。广泛应用于卤、酱、烧、炖、煮等菜肴烹制中，能增香压异，提升菜肴风味。但香气极为显著，能掩盖其他香辛料香味，用量不宜过大。

> **注**
>
> 母丁香为丁香的干燥果实，在果实近成熟时采摘，作用与丁香花蕾相似，但品质不如丁香花蕾。

3．山柰

别名

沙姜、三籟、三柰子、山辣等。

来源

本品为姜科山柰属植物山柰的干燥根茎。

山柰

原料特征

山柰外皮呈浅褐色或黄褐色，可见根痕及残存的须根。根状茎横切成片为圆形或近圆形，直径1～2厘米，厚3～6厘米，有的2～3个相连。断面内白色，富有粉性，光滑而细腻，有时可见内皮层环纹，中柱常鼓凸，而外皮皱缩，俗称"缩皮凸肉"，质坚脆，易折断。

产地产期

主产于台湾、广西、云南、广东等地；冬季采挖，洗净、去须根，切片、晒干。

选购要点

以色白、粉性足、气浓厚而辣味强者为佳。

贮藏保管

宜封存于玻璃瓶中，置于通风良好干燥之处。

烹调应用

山柰气味芳香特异，略同樟脑，味辛辣。多用于卤菜中，常与诸多香辛料组合应用，主要用于去腥解腻，可适当抑制微生物生长，防止制品腐败变质。

4. 小茴香

别名

茴香、香丝菜、土茴香、蘹香等。

来源

本品为伞形科茴香属植物茴香的干燥成熟果实。

小茴香

原料特征

小茴香果实呈小圆柱形，有的稍弯曲，长0.4～0.8厘米，直径0.15～0.25厘米。表面黄绿色或淡黄色，两端稍尖，顶端残留有黄棕色突起的柱基，基部偶有细长的小果梗。分果容易分离呈长椭圆形，背面有5条略相等的纵棱，接合面平坦而较宽，横切面略呈五边形。

产地产期

全国各地均有栽培。秋季果实初熟时采割植株，晒干，打下果实，除去杂质。

选购要点

以成熟干燥、颗粒均匀饱满、个大，略带黄褐色，香气浓烈者为佳。

贮藏保管

宜封存于玻璃瓶中，置于通风良好干燥之处。

烹调应用

小茴香略有樟脑般特异香气，味微甜略苦、辛，其甜类似于甘草的甜，略带焦苦的后味。小茴香是我国传统调味香料，烹调中主要用于卤、烧等菜肴的烹制。可单独使用，也可与其他香辛料配合使用。小茴香特有的芳香与花椒配合使用，能够起到一定的增香除异作用，是配制五香粉的原料之一。

5. 月桂叶

别名

香叶、桂叶等。

来源

本品为樟科植物月桂树的干燥树叶。

香叶

原料特征

月桂叶互生，叶面光滑呈椭圆形或阔披针形，长5～10厘米，宽1.5～4厘米，先段尖锐，叶片宽心，边缘具有不规则波状浅裂。表面呈灰绿、深绿或浅黄色，质地坚韧，易碎裂。

产地产期

原产于地中海沿岸，在我国江苏、福建、广州等地均有栽培。

选购要点

以体大无霉斑、香气浓郁、呈橄榄绿色者为佳。

贮藏保管

宜封存于褐色玻璃瓶里，置于阴凉通风良好之处。

烹调应用

月桂叶带有甜辛香气，略带柠檬和香樟混合气样，香气柔和、味凉、后味微苦。西餐中应用广泛，多用于汤类菜肴调味。中式烹调中以脱臭去异为主，可以去除食材的腥膻臭等异味，增香为次，常用于卤、烧菜肴中。

6. 白芷

别名

香白芷、杭白芷、川白芷等。

来源

本品为伞形科植物杭白芷或祁白芷的干燥根。

白芷

原料特征

（1）杭白芷（川白芷）　根圆锥形，茎粗壮中空，长10～20厘米，直径2～2.5厘米。上部近方形或类方形，表面灰棕色，有多数皮孔样横向突起，排列成行，顶端有凹陷的茎痕。质地坚实较重，断面白色，富有粉性，形成近方形层环，有多数棕色油点。

（2）祁白芷（禹白芷）　根圆锥形，长7～22厘米，直径1.5～2厘米。表面呈灰黄色或黄棕色，较光滑，皮孔样横向突起，并有支根痕。质坚硬，断面类白色，粉性，形成近圆形层环，皮部有棕色油点。

产地产期

主产于河北、河南、浙江、四川、湖南等地。春季下种当年寒露时采收，若秋季下种则来年秋季叶黄时采收。

选购要点

以充分干燥，无沙土、杂质、虫蛀等为佳。

贮藏保管

宜封存于褐色玻璃瓶中，置于阴凉通风良好之处。

烹调应用

白芷香气浓郁，味辛微苦。我国传统酱卤制品中常用香辛料，多用于卤制菜肴中，主要用作增香赋味，可赋香、矫味，去除腥膻异味，白芷常与其他香辛料混合使用。但使用时用量不宜过大，以免影响风味。

7. 百里香

别名

麝香草、地椒等。

来源

本品为唇形科百里香属植物百里香的干燥全株。

百里香

原料特征

矮小半灌木状草本，高5~15厘米，有强烈的芳香气味。茎四棱形，分枝多，叶小、对生，有短柄，叶片近革质，椭圆披针形或卵状披针形，长0.5~1.0厘米，全缘，侧脉2~3对，两面有透明油点，表面褐色。

产地产期

主产于东北、华北、西北地区。夏季采收。

以叶片芳香浓郁，色泽灰绿，无枯黄、腐败、杂物等不良现象为佳。

贮藏保管

宜封存于褐色玻璃瓶中，置于通风良好阴干之处。

烹调应用

百里香气味芳香，味辛微苦。强烈的药草样辛香中，夹杂着少许樟脑和薄荷气息以及少许辛辣香味，类似胡椒香，味感丰富多韵。具有较强的去腥膻异味，矫味提香的作用，香气浓烈，不宜多放。

8. 豆蔻

别名

白豆蔻、圆豆蔻、原豆蔻等。

来源

本品为姜科豆蔻属植物白豆蔻或爪哇白豆蔻的干燥成熟果实。

豆蔻

原料特征

白豆蔻呈球形，直径1.0~1.8厘米。表面黄白色或淡黄棕色，有3条较深的纵向槽纹，顶端有突起的柱基，基部有凹下的果梗痕，两端均具有浅棕色绒毛。果皮体轻，质脆，易纵向裂开，内分3室，每室含种子约10粒，种子呈不规则多面体，背面略隆起，表面暗棕色，有皱纹。

产地产期

在我国广州、云南等地有栽培。秋季果实成熟时采收。

选购要点

以棕褐色，丰硕饱满、具有强烈香气的果实，无昆虫、沙土等为佳。

宜封存于褐色玻璃瓶中，置于空气良好之处。

烹调应用

白豆蔻香气特异、芬芳，略似樟脑和薄荷样清凉气息，味辛凉。烹调中多与诸种香料组合使用，可增强菜肴风味，去除食材腥膻异味，赋予食材特殊的风味，多用于卤菜以及烧类菜肴的烹制，用量不宜过大。

9. 草豆蔻

别名

草蔻、草蔻仁、偶子等。

来源

本品为姜科多年生草本植物草豆蔻的干燥近成熟种子。

草豆蔻

原料特征

草豆蔻种子团呈类球形或椭圆形，具有明显的3钝棱以及3浅沟，直径1.2～3厘米，表面灰棕色或黄棕色，中间有黄白色或浅棕色隔膜分成3室，每室有种子20～100粒，不易散开。种子呈卵圆状多面体，直径0.2～0.3厘米，背面稍隆起，较厚一端有圆窝状种脐，合点位于较扁端的中央微凹处，腹面有一纵沟，浅褐色种脊沿着纵沟自种脐直达合点，沿合点再向背面也有一纵沟，沟的末端不达种脐。质地坚硬，断面乳白色。

产地产期

主产于广东、海南等地。夏、秋二季采收。

选购要点

以身干、个大、坚实饱满、气味浓者为佳。

贮藏保管

宜封存于褐色玻璃瓶中，置于通风良好之处。

烹调应用

草豆蔻气芳香，味辛、辣，略带姜的气息。具有去腥除异、赋味增香的作用，多与其他香辛料组配使用，用量不宜过多。

10. 草果

别名

草果子。

来源

本品为姜科多年生草本植物草果的干燥成熟果实。

草果

原料特征

草果果实椭圆形，长2～4.5厘米，直径1～2.5厘米，表面棕色或红棕色，有3钝棱以及明显的纵沟和棱线，先端有圆形突起的柱基，基部有果柄或果柄痕，果皮坚韧，内分3室，每室含种子7～24粒，种子集结成团。种子呈多面形，直径0.5～0.7厘米，有灰白色膜质假种皮，中央有凹陷合点，较狭端腹面有圆窝状种脐，种脊凹陷成1纵沟。

产地产期

主产于广西、云南、贵州等地。果实10～11月成熟。

选购要点

以个大、身干、饱满、表面红棕色、气味浓郁者为佳。

贮藏保管

宜装入麻布袋中，置于阴凉通风良好之处。

草果具有特殊的芳香气，味辛、辣，有少许苦味，种皮略有清凉气息并夹杂着淡淡的烟熏气味。常用于卤菜和烧菜烹制，具有增香脱臭的作用。

11．荜拨

别名

鼠尾、荜菱等。

来源

本品为胡椒科属植物荜拨的未成
熟干燥果穗。

荜拨

原料特征

荜拨果穗呈圆柱状，稍弯曲，长2～4.5厘米，直径0.5～0.8厘米，果柄多已脱落。表面黑褐色，由多数细小的瘦果聚集而成，排列紧密整齐，形成交错的小突起。基部有果穗梗残余或脱落痕迹，质硬而脆，易折断，断面不整齐，颗粒状。

产地产期

主产于广西、广州、福建、云南等地。每年9月采收。

选购要点

以肥大、坚实、饱满、黑褐色、气味浓郁者为佳。

贮藏保管

宜封存于褐色玻璃瓶中，置于通风良好之处。

烹调应用

荜拨有特异的香气，味辛辣。多用于卤、烧等菜肴调香，具有矫味、增香，去除异味的作用。与辣椒混合使用，可适当提升辣度。

12. 肉桂

别名

菌桂、玉桂、牡桂、桂皮等。

来源

本品为樟科植物肉桂的干燥树皮。

肉桂

原料特征

肉桂呈槽状或卷筒状，长30～40厘米，宽或直径3～10厘米，厚0.2～0.8厘米。外表面灰棕色，稍粗糙，有不规则的细皱纹以及横向突起的皮孔，有的可见灰白色的斑纹，内表面红棕色，略平坦，有细纵纹，划后显油痕。质硬而脆，容易折断，断面不平整，外层棕色较粗糙，内层红棕色而油润，两层间有1条黄棕色的线纹。

产地产期

主产于广东、云南、海南等地。多在冬季采收。

选购要点

以皮厚、内层油润光滑、呈红棕色、香气浓郁，无虫蛀、霉斑者为佳。

贮藏保管

宜装入麻布袋中，置于通风良好干燥之处。

烹调应用

肉桂气芳香，味甜，略辣。入口先甜，后味略辣中夹杂着一丝苦味。肉桂是我国肉类加工的主要调香料，多用于卤、烧、酱、炖等菜肴烹制。能够有效地去除食材腥膻异味、增加香味。常与其他香辛料组合使用，是配制五香粉的原料之一。

附 ————

桂枝

桂枝

来源
....
为樟科植物肉桂的嫩枝。

原料特征
....
干燥的嫩枝呈圆柱形，
长15～100厘米，直径0.8～1
厘米，外表棕红色或紫褐
色。表面有枝痕、芽痕、叶痕，并有纵棱线、纵纹以及横纹。质坚而
脆，易折断，断面不平坦。粗枝断面呈黄白色。外有棕红色边，内心色
较浅。

选购要点
....
以幼嫩、棕红色、气香者为佳。

13. 肉豆蔻

别名
....
玉果、肉果、肉扣等。

肉豆蔻

来源
....
本品为肉豆蔻科肉豆蔻属植物肉
豆蔻的干燥种仁。

原料特征
....
肉豆蔻种仁卵圆形或椭圆形，长2～3.5厘米，宽1.5～2.5厘米。表面灰棕色
或暗棕色，有网状沟纹，宽端有浅色圆形隆起（种脐的部分）。狭端有暗色下陷
处（合点的部位），两端间有明显的纵沟（种脊的部分）。质地坚硬，难破碎，
纵切可见宽端有小型腔隙，内藏小型干缩的胚，子叶卷曲。

产地产期

主产于马来西亚、印度尼西亚等地，热带地区广为栽培，在我国广东、广西等地也有栽培。每年4~6月以及11~12月各采收一次。

选购要点

以个大、体重、坚实，破开后香气浓郁者为佳。

贮藏保管

宜封存于褐色玻璃瓶中，置于通风良好干燥之处。

烹调应用

肉豆蔻具有强烈的芳香、味辛辣、略苦。其香气浓厚，有微弱的樟脑样气息，辛辣中夹杂着淡淡的苦味。具有矫味、去异、增香等功效，中式烹调中肉豆蔻主要作为肉类食材的调味料，多用于卤、烧、酱等菜肴的制作。

14．甘草

别名

甜草根、粉甘草、粉草等。

来源

本品为豆科甘草属植物甘草或胀果甘草或光果甘草的干燥根和根状茎。

甘草

原料特征

甘草根呈长圆形，长30~100厘米，直径0.6~3.5厘米。表面红棕色、暗棕色或灰棕色，有明显的皱纹、沟纹以及横长皮孔，并有稀疏的细根痕，外皮松紧不一，两端切面中央稍下陷。质坚而重、断面纤维性，呈黄白色，粉性，横切面有明显的形成层环纹，有裂隙。

主产于东北、华北、陕西、新疆等地。春秋两季均可采收。

选购要点

以质坚实、皮细紧、色红棕、断面色黄白、粉性足者为佳。

贮藏保管

宜封存于褐色玻璃瓶中，置于通风良好干燥之处。

烹调应用

甘草气味微甜而特殊。具有圆润而甜美的木质风味，烹调中主要与其他香辛料组合使用，起平衡或综合各种香辛料的药材气味的作用，用量不宜过大。

15. 甘松

别名

甘松香。

来源

本品为忍冬科甘松属植物甘松或匙叶甘松香的根以及根状茎。

甘松

原料特征

甘松多弯曲，上粗下细，长5~18厘米。根茎短，上端有残留茎基，外有多层枯叶残基，呈膜质片状或纤维状，外层棕黑色，内层棕色或黄色。根单一，有的数条交结，并列或分枝，长6~16厘米，直径0.3~1.0厘米，表面皱缩，棕褐色，有细根和须根。质松脆，易折断，皮部深棕色。

产地产期

主产四川。春秋二季均可采收。

以条长、根粗、香气浓者为佳。

宜装入麻布袋中，置于干燥阴凉通风良好之处。

甘松具有特异香气，味苦、辛，略带清凉感。甘松气味辛香，近似松节油样气味，常用于麻辣火锅和四川卤水中，以增香、赋香为主，去腥压异为辅。其香味极其浓烈，持久性较长，用量不宜过多，否则香气腻人。

16. 花椒

别名

香椒、大花椒、蜀椒、川椒等。

来源

本品为芸香科花椒属植物青花椒或花椒的干燥成熟果皮。

红花椒

原料特征

（1）花椒由1~2个，少有3~4个球形分果组成，每个分果直径0.4~0.5厘米，自先端沿腹缝线或腹背缝线开裂，常呈基部相连的两瓣状。分果顶端有微细小喙，基部多数具有1~2个颗粒状未发育离生心皮，直径0.1~0.2厘米。果皮表面深红色、棕红色或紫红色，皱缩，有众多点状凸起的油点。果皮内表光滑，淡黄色，与中果皮部分分离而卷曲。果皮革质，稍韧。果柄直径约0.08厘米，有稀疏短毛。

（2）青花椒为1~3个球形分果，每个分果直径0.3~0.4厘米，顶端有短小喙尖。外表草绿色、棕绿色或黄绿色，有网纹状以及多数凹下的油点，果皮内表灰白色。果皮质薄而脆，果柄无茸毛。

全国各地均有栽培，以四川产的为佳。秋季果实成熟采收。

选购要点

花椒以身干、色红、均匀，无梗无椒目（芸香科植物花椒或青椒的种子）者为佳；青花椒以身干、色青绿，无梗无椒目者为佳。

贮藏保管

宜装入麻布袋或牛皮纸盒中，置于干燥阴凉通风良好之处。

烹调应用

红花椒有特异香气，麻味持久略带回苦。青花椒气清香，味辛麻微甜。花椒具有特殊的麻香，略带药草的芳香，辛麻味持久，我国常用麻香调香料，具有促进食欲、增香、解腻、去腥等作用。花椒不仅能赋予菜肴香气与特殊的风味，还能去除各种肉类的腥膻味，广泛用于腌、炒、炖、烧、拌等菜式的烹制。川菜众多味型中均少不了花椒，是构成麻辣味和椒麻味的主要原料，冷菜、热菜均可使用。

17. 胡椒

别名

玉椒、白胡椒、黑胡椒等。

来源

本品为胡椒科胡椒属植物胡椒的干燥果实。

白胡椒

原料特征

（1）白胡椒果核近圆球形，直径0.3～0.6厘米。最外为内果皮，表面灰白色，平滑，先端与基部间有多数浅色线状脉纹。

黑胡椒

（2）黑胡椒果实近圆球形，直径0.3～0.6厘米。果皮暗棕色至灰黑色，具隆起的网状皱纹，顶端有细小的柱头残基，基部有自果柄脱落的瘢痕。质硬，外果皮可剥离，内果皮灰白色或淡黄色，断面黄白色，粉性，中央有小空隙。

产地产期

主产于广东、广西及云南等地。全年采收。

选购要点

白胡椒以粒大、个圆、坚实、色白、气味强烈者为佳。黑胡椒以粒大、饱满、色黑、皮皱、气味强烈者为佳。

贮藏保管

宜封存于褐色玻璃瓶中，置于通风良好干燥之处。

烹调应用

胡椒气味芳香，味辛辣。辛辣芳香味中略带丁香样香气，用于烹调主要起去腥、增香，增味等作用，以去腥为主，增香为辅。主要用于烧、烩、炖等菜式。

18．多香果

别名

众香果、众香子等。

来源

本品为桃金娘科植物多香果的干燥果实。

多香果

原料特征

多香果呈黑褐色、皱皮圆球形，类似黑胡椒，但直径为0.4～0.8厘米。外皮粗糙，一端有小突起。

主产于牙买加、古巴等地。不同地区采收期不同。

选购要点

以身干、香味浓郁，无杂质、虫蛀、霉斑等为佳。

贮藏保管

宜装入麻布袋或牛皮纸盒中，置于干燥阴凉通风良好之处。

烹调应用

多香果香气浓郁，味辛辣。具有比丁香更强烈的类似辛香，有明显的辛辣味。夹杂着肉桂、胡椒、肉豆蔻、白豆蔻等众多香料的混合香气，故而得名多香果。烹调中与其他香料组合使用，用于肉类食材的增香调味。

19．砂仁

别名

春砂仁、阳春砂等。

来源

本品为姜科多年生草本植物阳春砂或海南砂的干燥成熟果实。

砂仁（阳春砂）

原料特征

（1）阳春砂果实椭圆形、卵圆形或卵形，具有不明显的3钝棱，长1.2～2.5厘米，直径0.8～1.8厘米，表面红棕色或褐棕色，有密而弯曲的刺状突起，纵走棱线状的维管束隐约可见，先端具突起的花被残基，基部有果柄痕或果柄。果皮较薄，易纵向开裂，内表面淡棕色，中轴胎座分3室，每室含种子6～20粒，种子集结成团。种子呈不规则多角形，长0.2～0.5厘米，直径0.15～0.4厘米，表面红棕色至黑褐色，具不规则皱纹，较小一端有凹陷的种脐，合点在较大一端，种脊凹陷成一纵沟。

（2）海南砂果实卵圆形、椭圆形、梭状椭圆形或梨形，具有明显的3钝棱，长1～2厘米，直径0.7～1.7厘米，表面灰褐色或灰棕色，有片状、分枝的短刺，果皮厚而硬，内表面多为红棕色，每室含种子4～24粒，种子多角形，表面红棕色或深棕色，有不规则的皱纹。

（3）绿壳砂果实卵形、卵圆形或椭圆形，隐约呈现3钝棱，长1.2～2.2厘米，直径1～1.6厘米，表面棕色、黄棕色或褐棕色，有密而略扁平的刺状突起。果皮内表面淡黄色或褐黄色，每室含种子8～22粒，种子呈不规则多角形，直径0.2～0.4厘米，表面淡棕色或棕色，有规则的皱纹。

产地产期

主产于海南、广州、云南等地。夏秋季果实成熟时采收。

选购要点

均以身干、个大、坚实、仁饱满、气味浓者为佳。

贮藏保管

宜装入麻布袋中，置于干燥阴凉通风良好之处。

烹调应用

砂仁气芳香而浓烈，味辛凉微苦，略有薄荷样的清凉感。烹调中有去异增香、调香的作用，常用于炖、烧、焖、卤的菜式制作，可单独调香，也可与其他调香料配合使用。

20．香茅

别名

香茅草、柠檬茅等。

来源

本品为禾本科植物柠檬草的全草。

香茅

原料特征

香茅草全草可达2米，秆粗壮。叶片长条状，宽约1.5厘米，长可达1米，基部抱茎，两面粗糙，呈灰白色，叶鞘光滑，全草具有柠檬香气。

产地产期

主产于广东、福建等地。全年采收。

选购要点

以干燥、香味浓郁，无杂质者为佳。

贮藏保管

宜装入麻布袋中，置于干燥阴凉通风良好之处。

烹调应用

香茅草具有浓郁的柠檬香气，味辛、甘，略带回甜。具有去腥增香等作用，主要用于烧、卤等菜肴的烹制。因香味过于浓烈，对其他香料的香味和食材的本味有屏蔽作用，用量需慎重。

21．高良姜

别名

小良姜、风姜等。

来源

本品为姜科植物高良姜的干燥根茎。

高良姜

原料特征

高良姜根茎呈圆柱形，多弯曲而又分枝，长5~9厘米，直径1~1.5厘米。表面棕红色，有纵皱纹以及灰棕色波状环节，节间长0.5~1厘米。下侧有须根痕，质地坚韧，不易折断，断面纤维性，粗糙不平，呈棕色。

产地产期

主产于广西、广东、云南等地。夏季采收。

选购要点

以色棕红、粗壮坚实、味辛辣、分枝少者为佳。

贮藏保管

宜封存于褐色玻璃瓶中，置于通风良好干燥之处。

烹调应用

高良姜气味芳香，辛辣中略夹杂着回酸，其气味类似于生姜和胡椒混合所产生的气味，烹调中可用于烧、卤、酱、炖等菜式的制作，可去除食材异味、增加香味，通常与八角、胡椒、肉桂等香料组合使用。

22．迷迭香

别名

万年老、香艾等。

来源

本品为唇形科植物迷迭香的干燥叶子。

迷迭香

原料特征

迷迭香为常绿矮小灌木，全株具有芳香气。枝短、叶对生、无柄，叶片细长呈线形，长1～2.5厘米，革质，全缘，两边缘反卷。

产地产期

主产于欧洲、北非等地，我国有栽培。7～8月采收。

以干燥、色绿、香味浓郁者为佳。

宜封存于褐色玻璃瓶中，置于通风良好干燥之处。

迷迭香芳香强烈，味辛、清凉，略带甘味和苦味，微涩。具有桉叶样清新香气，有清凉的樟脑香气，略带辛辣和涩感的芳香药草味。具有强烈的去腥去除异味作用，同时增香、赋香效果明显，气味极强烈，不容易被其他味道所屏蔽，用量宜适中。

第二节　香辛料的基本作用

香辛料均含有丰富的挥发性物质，具有香、辛、麻、甜、苦等味，能够赋予菜肴风味，是烹饪行业中常用的调香调味品。通常具有调香、调味、调色等作用，同时还具有一定的药理作用。但它们自身的主要成分与功能特点不尽相同，所以只有了解所用香辛料的基本作用，才能掌握各种香辛料的使用技巧。香辛料独有的气味与滋味，在烹调中的作用综合如下。

1. 香辛料具有除异（去除或掩盖异味）增香作用

食材往往带有少许不良气味，从而影响菜肴整体风味。我们通常将这些不良气味称为臭味、膻味或腥味，统称为异味。烹制菜肴时加入香辛料，是利用香辛料某些特殊成分与食材的异味发生理化反应，来改善菜肴风味；或利用香料强烈的香气来掩盖食材中令人不愉快的气味，使我们感觉不到食材的异味，这就是香辛料去除和掩盖原料异味功能，从而达到增加原料（菜肴）香味和去除异味的目的。例如，八角是我国传统烹调香料，在烹制猪肉类菜肴时，各地均有加入适量八角的习惯。通过与不加入八角烹制猪肉类的菜肴对比，我们发现，加入适量八角的猪肉菜肴中，透着若隐若现的八角特有的芳香，口味中也少有猪肉的膻味，肉香比不加八角的更加浓郁。实践告诉我们，八角具有增加肉类香味、改善肉类原料中的某些异味等作用。经验丰富的烹饪工作者在熬制鱼汤时，会先投入适量花椒、生姜炒香，再下入鱼略煎后注入清水熬制。由于花椒爆香后其香味完全散发出来，融入鱼汤中，特殊的辛香气味与鱼腥味相互交融，伴随着温度的升高，花椒的辛香协同鱼腥味逐渐挥发，熬好的鱼汤不但少有腥味，反而变得更加鲜香。花椒也经常与葱、姜混合腌制荤腥类原料，同时花椒是烹调菜肴麻味的主要来源，川菜中花椒和辣椒是完美的一对。由此可见，花椒特殊的辛香气味具有去腥、增香的作用，也是形成麻味的重要原料。孜然的气味芳香浓烈，富有特色，香气扩散力强而持久。制作烧烤时撒上适量孜然粉，其独有的风味立即呈现。与羊肉结合更是相得益彰，不但可以减少羊肉的膻味，同时还赋予羊肉独特的香味。其中烤羊肉串、孜然羊肉、孜然牛肉等菜肴足以证明孜然在烹调中具有增加菜肴香味、赋予食物特殊风味等作用。

2．香辛料具有调味增香（赋予菜肴滋味和香气）作用

调味增香就是在烹调过程中将香辛料所含的呈香、呈味物质与烹制的食材相融合，从而达到改善或增强菜肴滋味与香气的过程。许多香辛料都有自己特定的味道或香气，是制作菜肴（卤菜）不可缺少的增香增味的基本原料。例如，八角、桂皮、月桂叶等具有甜香风味；胡椒、辣椒、高良姜、干姜等具有辛辣风味；陈皮、砂仁略带有苦味；花椒产生麻味；鲜薄荷带有清凉风味等。在实际烹制时，有些食材自身香味不足，有的在烹制过程中香味损失（破坏）较大。这就需要根据食材的特性搭配适宜的香辛料，例如，卤制牛肉时常搭配八角、肉桂、公丁香、草果、胡椒等香辛料；煮卤鸡时可加入适量花椒、白芷等香辛料。这些都是利用香辛料来实现增强食材香气，因为在卤菜烹制过程中，香辛料含有的呈味、呈香物质通过加热不仅能够去除食物的异味，同时还能调和菜肴滋味与香气，达到调味增香的目的。所以，使用香辛料能够强化卤菜的香气、协调与突出风味，是卤菜风味形成的重要因素。

3．香辛料具有一定的增色（调色）作用

香辛料是天然食用色素的重要来源，能够赋予菜肴亮丽的色泽，如姜黄、栀子、番红花等。使用香辛料调色通常有两种形式，一是直接使用香辛料原料调色；二是使用经科学提取的天然食用色素，主要有姜黄素、类胡萝卜素等。香辛

料色素又分为：水溶性和脂（油）溶性两种，因此，水溶性色素通常用于植物（素菜）类食材的着色；脂溶性色素多用于荤（肉）类食材的调色。但香辛料天然色素的抗氧化与抗光能力较差，酸碱度对水溶性色素的影响也较大，所以这些因素都会影响香辛料着色物的调色效果。

4．香辛料具有的其他作用

我们常用的香辛料多属于中药范畴，按中医药理论均归属辛温药、芳香化湿药以及温里药，也称"香药"。香辛料具有祛寒行气、增进食欲、开胃健脾、消食化积等作用，其中以八角、桂皮、草果、砂仁、小茴香、花椒的使用较为常见。例如，八角、小茴香具有散寒止痛等作用；白豆蔻具有行气、消食等功效；花椒有健胃、消炎、解毒的作用。香辛料含有酚类、黄酮类等化合物，具有抗氧化作用。大量实验证明，迷迭香、公丁香、肉豆蔻等香辛料具有抗氧化的作用。另外，现代科学研究发现香辛料还有防腐、抗菌以及保鲜等作用。

每种香辛料都有自己的作用、特点，我们只有认识它们、了解它们，才能为合理搭配香辛料打下基础，才能更好地使用香辛料调味调香。

第三节　香辛料使用的要点

在实际烹饪中，不同的烹调方法、不同的风味要求、不同的调香料以及用量均会影响菜肴的风味。卤水调制中使用香辛料的目的是强化卤菜香气、协调风味。实际调制时应根据卤制食材和香辛料的特性，合理选用香辛料，以获得最佳风味效果。使用时应注意以下几点。

1．明确香辛料使用目的是重点

香辛料种类繁多、功能（作用）多样，每一种香辛料都有自身的特性。烹制卤菜通常使用复合香辛料（即经搭配组合的混合香料），同时需要根据卤制食材的特性，选用适宜的香辛料以获得相互协调统一的效果。所以各种香辛料在使用时，应根据香辛料的特性确定其使用目的。例如，调味以突出滋味为主要目的，可选用花椒、辣椒等香辛料；以增香赋香为主要目的，应选择八角、公丁香、众香子、迷迭香、香茅草、白芷、肉桂等香辛料；以增加食欲为主要目的，须用辣椒、胡椒、姜（干姜或生姜）等香辛料；以去除异味为主要目的，可用百里香、花椒、胡椒等香辛料。所以，我们只有清楚地知道使用香辛料的目的是什么，才能更好地选用适宜的香辛料以获得更好的效果，才能达到最终的基本要求。

2．掌握香辛料的用量是关键

香辛料的用量一直困扰着众多使用香料调味增香的烹饪工作者，用量过大会导致卤水发苦、发涩、发黑以及使卤制品产生中药味；若量不够，香气与滋味相对缺乏，不能满足或强化香气与滋味的基本要求。实践证明香辛料的用量以能够有效掩盖或去除食材异味，同时能够赋予卤菜舒适的香味为宜（即卤菜香气不腻人、食者不反感，香与食材的味有机融合，互不压制，香气与滋味能够带给人们舒适的感觉）。烹制卤菜的香辛料总量通常应控制在1%～3%，超过则香气就会腻人并恶化卤菜的整体风味。实际中还要结合卤制食材的特性来确定香辛料的用量，如卤鸡时，由于鸡自身的鲜香味较足，其鸡肉的本香是众多调味料都无法模拟的，所以香料的用量应不超过1%，以突出原料的本香；又如卤牛肉，牛肉自身的膻味较重，其香料的使用是以去异增香为目的，所以香辛料的用量应大于卤鸡的用量。再有就是香辛料的品质不同，其内在成分的含量也不尽相同，品质高则适当少用，品质差时则应适当增加用量。香辛料的用量是卤菜风味形成的关键所在，其香辛料的品质、卤制食材的品种以及人们对香气与滋味的认可等都会影响香辛料的具体用量。所以，在实际烹制过程中，应具体问题具体分析对待，不能一概而论。

3．确保香辛料香味的融合是核心

香辛料与基本调味料（如盐、白糖、味精等）使用的原理是相同的，都会产生协同相乘或消杀作用。烹制卤菜通常都是选用两种以上的香辛料混合使用，香辛料经加热熟化后，它们之间的香味相互融合，促使香味增强，产生较为理想的综合效果（即协同相乘作用）。但有的香料也会降低其他香辛料香味，出现消杀现象。所以，香辛料混合使用时，应注意香气之间的协调，主要表现为：

（1）香气或成分相近的香辛料的搭配，通常是协调的（如八角与小茴香，公丁香与多香果），但要注意两者的比例以及混合后香味的浓度。

（2）香气或成分完全不同的香辛料的搭配，通常两者各有特性（如白豆蔻与桂皮），须注意香气的平衡。

（3）香气浓厚与香气清淡的香辛料混合使用（如公丁香与小茴香），形成以浓厚为主、清淡为辅的主辅香气。

（4）被普遍接受的传统搭配（如八角与桂皮或五香粉的搭配）。其次，香辛料的混合香气必须与菜肴滋味相协调，尽量将食材异味去除或掩盖，达到香气与滋味的融合。

香气与滋味的融合就是多种香辛料混合使用的同时并使其香气、滋味以及食材之间的相互协调和有机融合，是香辛料调味增香的核心。

第四节　卤水香料搭配方法

一款具有香味浓郁、色泽纯正、味道鲜醇特点的卤水是一个整体，在制作卤水时，香料的搭配、原料的选择、卤水的调养（调制保养，使卤水保持最佳状态）、卤水的色泽等都是卤制系统中不可缺少的一部分。它们之间相互协调、相互补充、相互制约，从而使制作出来的卤菜鲜香可口、回味悠长、唇齿留香。若是制作的卤菜因鲜味不足、香味不够或香味过重等造成味道不够醇厚鲜美，那就是整个系统中缺少了某一部分，或者是其中的某一部分还不够完善。

在制作卤菜时，首先想到的是配方，而所谓"配方"是指为某种物质的配料提供方法和配比的处方。很明显，掌握制作配方的方法比配方比例本身更为重要，业内前辈留下来的卤水制作配方应该是指引我们寻找或优化制作卤水的方向，而不能成为我们的枷锁，更不是我们无法逾越的高度。这就好比在某条小路上人们留下的脚印一样，这脚印是在提示我们，这条小路曾有人走，我们也可以走，但不是让我们一味地踩着脚印走。否则，我们制作出来的卤水只有其形，而无其神。这里的"神"是指传承与创新的精神。

卤水的配方基本上可以事先确立卤水的主体味道，通过构思，从零开始设计制作。通俗地讲，卤水的配方多指香料的搭配，也就是要从制卤需要的香料入手。

一、熟悉基本香料

每种香辛料都有各自的特点，它们在卤水中的作用也各不相同，只有认识和熟悉了它们之后，才能灵活运用好。

1．要认识每一种香料并且能够正确分辨其真伪

比如在调制卤水时经常用到的香料八角，真八角是由八枚蓇葖果集成聚合果，呈红棕色或浅棕色，单瓣果实前段平直钝圆或钝尖。而八角的同科同属不同种植物的果实均为"假八角"，常见的假八角有大八角、红茴香等，它们都不能用于卤水制作。牢记每一种香料的学名，因为同一种香料在不同的地方和习俗中会有不同的叫法，比如山奈又名沙姜、山辣等，而在一些卤水配方中难免会存在虽为不同的名称但实为同一种香料的情况。

2．要在认识香料的基础上，深入了解香料的特点

香料的品种繁多，其香味、滋味、功效等方面也各有不同，比如高良姜辛香味略辣，花椒香麻。同时，部分香料也是传统中医学的辛、温性药材，具有相应的药理作用。这不仅需要用鼻子去闻，体会香料的特殊味道，还需要用嘴去品尝和感受，并牢记。

3．要将香料进行合理分类

按不同的方式把香料分为不同的类别，可以按照香味、滋味、作用、主次（使用的频率）等方式进行分类。香料的分类越细致，越有利于卤水香料的搭配，但对香料各种特性的了解程度也要求越高。

对香料分类最简单实用的方法是，逐个品尝每一种的滋味后再进行分类。这样可分为，甜香类：如八角、肉桂、甘草等；苦香类：如陈皮、广木香等；辛香类：如山奈、高良姜、干姜等（传统五味里的辛指的是辣）；甘香类：如香茅草、灵香草、白豆蔻等。因白豆蔻的香味奇特，有少许类似于樟脑的清凉气息，并兼有少许甘、凉、辛、略苦的口味，一般感觉不到其苦味，所以这里将其分到甘香类。

香料的分类是一件比较复杂的事，很多香料都具有多重风味，比如丁香是香料中香气最浓的品种之一，带有胡椒与果味香气的甜辛香，还有点苦和涩的味

道。作为烹饪工作者不仅需要从书本上去了解原料，还要对原料的成分、优劣、真伪、作用等做到心中有数，先认知原料才能灵活运用。回到调制卤水，要想合理搭配香料做好卤菜，就必须先熟悉基本香料，了解它们的基本特性、用途等，这样才能掌握其运用规律。

二、确立主要风味

卤水香料配伍是将各种香料搭配在一起，由于各种香料的呈香成分不同，挥发的时间不同，香气类别也不同，使这些香气物质在卤水里不断变换，有次序地散发出香味，让卤菜长久留香。

如果说"卤水配方"有几分神秘的话，那么"卤水设计"应该是一个比较贴切又实用的香料搭配说法。中医在开具处方时，都会针对病情先确定几味中药，然后再适当添加些辅助药材。同理，在卤水设计时应该根据卤水的风味去确定主要香料的选用，这也是卤水香味的核心，并对整个卤水设计起着领头羊的作用。卤水的整体风味一定要以突出主要香料的香味为原则，然后再酌情增加一些辅助香料与之混合增香，使各种香味融为一体。添加辅助香料是对卤水的香、色、味等起到矫正和弥补作用，用量虽少，但不可缺少。

例如，以传统"五香粉"所用的香料为基础，再适当增加一些辅助香料，就构成一个卤水香料配方。传统五香粉因南北地域的因素，配方也不尽相同，但主要还是以八角、肉桂、小茴香、花椒、丁香五种香料为主。在设计卤水配方前，先要分析这五种香料的作用。八角和肉桂是"五香粉"不可或缺的香料，八角具有增加肉香、祛腥防腐的作用，而肉桂则具有增香矫味、杀菌防腐的作用，两者均为甜香型香料，芳香味浓而持久；丁香的香味浓烈，但加热后会有所减弱，具有赋香、压异的作用，并对肉类食品兼有抗氧化作用，也是卤菜复合香料必不可少的配料之一；小茴香具有赋香增香、矫味的作用，也是复合调味料的重要原料；花椒的香气可以驱除腥味。

因为每一种香料所含的香味成分都相对较多，所以在设计卤水配方时应该充分考虑五种香料的作用和成分，添加的辅助香料要尽量做到与这五种香料的香味相符，并有加强五种香料的作用和弥补不足的功效。通过分析五种香料的作用，可以看出传统五香料赋香压异的效果不太明显，那么在此基础上可以适量加入白豆蔻、胡椒、麝香草等，还可加入陈皮、白芷、荜拨等，因为这些辅助香料的香味成分均是五种香料不具有或少量兼有的。而丁香因其香味过于浓烈，在使用时往往用量较少，体现出来的香味总有点势单力薄的感觉，为此可以加入与其香味成分基本相同的多香果。多香果还兼有肉桂、肉豆蔻、胡椒等的香气，并且还能与众多香料的香气混合使用，不仅可以协同丁香出味，还能增强肉桂、胡椒等香料的效果。此外，在传统五香料的基础上加入增香、去异作用的香料后，还应该考虑加入具有矫味作用的甘草，以增强各种香料的融合效果。这样一个以传统五香料为主的卤水配方就初步搭配完成。

总的来说，关于调配卤水时香料的组合，不在于使用了多少种香料，而在于当确定需要突出某些主要香料的香味以后，如何合理选择辅助香料并加以搭配，从而在实际运用中达到卤水香味醇和、回味悠长的目的。

三、调味灵活整体和谐

如果非要给卤水配方中的香料做一个量化标准，即要求多少卤汤用多少种香料及其数量，这样做着实有些教条主义。现在所谓的数字化卤水、标准化卤水也不能保证能够做出百分百相同的卤水。任何一种香料都会因日照时间、采摘时节、不同产地等诸多因素而影响其风味物质的含量，从而使同一种香料香味的挥发持续时间也不尽相同。然而，并不是说把调配卤水香料的配方进行量化是不对的，但这仅仅只是提供一个参考而已，并不是一成不变。如果香料的比例量化以后，就完全按部就班地操作，就不符"食无定味、适口者珍"的理念。

在卤水香料的用量比例上，应以突出主要香料的香味为基础，并根据制卤原料的多少适当调整用量，以确保卤水主香的呈现。而辅助香料是弥补主要香料不具备的香味，矫正主要香料香味不醇和，增加主要香料功效的作用，其用量虽少，但不可缺。

例如，以传统"五香粉"为主并加入适量的辅助香料而调制出来的卤水，可人为地分为两个步骤去调配比例。第一个步骤是以"五香粉"为基础的主香料用量可占整个配方的60%，具体五种香料的用量比例可参考传统配方并结合实际经验合理调整。而增添的辅助香料用量可占整个配方的40%，具体用量则需要根据五种香料及所添加辅助香料的成分而定。

第二个步骤是通过分析"五香粉"的成分和加入辅助香料的成分去确定用量。一是白豆蔻、胡椒、麝香草等辅助香料的成分均是"五香粉"中八角、肉桂、花椒所具有的，其作用主要是为了协助"五香粉"出香，用量宜轻。二是陈皮、白芷、荜拨等辅助香料的成分是"五香粉"中不具有或少有的，用量应略多点。三是多香果与丁香的成分相似度很高，在添加时应考虑适当减少丁香的用量，并相应增加多香果的用量，让两者的比例合理而味道协调。四是甘草的主要成分是甘草酸、甘草甜素等，具有矫味作用，这是其他香料所不具备的，其用量以能调和各种香料的香味为准。这里只是介绍了有关卤水香料配方的设计思路，仅仅作为一种参考方法，而具体的应用还需要每个人根据各自对香料的理解和实际运用经验去合理掌控。

调制卤水必须因时而异，因势而制。设计卤水时，无论是主要香料、辅助香料，还是其具体用量，都是一个相对的概率，而不应该一成不变地复制。卤水的配方是香料品种的搭配和用量这两者之间相结合而构成的一个整体，重在"灵活"，贵在"合理"，其核心在于主体突出，整体和谐。要做好这几点，不仅需要熟悉每一种香料的具体作用，还需要长时间实践，反复推敲，大胆尝试。

第三章

卤水调制原理

卤是一种主要以水为介质的传统烹调方法。对于没有系统学习烹饪原理和没有接触与研究过卤水的人而言，卤的技术就显得十分神秘，对香辛料的认识、选用以及用量也是一知半解。其实，卤水调制的技术并不深奥，香料的搭配也并不神秘，都是有迹可循的。只要我们了解调制卤水基本流程和调制卤水所需原料的作用及其使用目的，我们就能掌握烹制卤菜的技术核心。

第一节　卤水之汤

中国烹饪历来重视对汤的调制，讲究用汤烹菜、以汤调味，并有"厨师的汤，唱戏的腔"的经典说法，故好的烹调工作者通常都能熬出一锅好汤。卤菜制作过程中，汤的作用显得极为重要。

一、何为卤汤

卤水是制作卤菜传导热量、附着颜色和渗透入味的中介物质，包括卤汤和卤油。而卤汤是指经过多次煮制食材，促使多种味道有机地融合在一起，并且具有浓郁香味的汤汁，一般沉在卤油之下。卤菜能让人胃口大开、唇齿留香，靠的就是那一锅卤汤的浸润和调和，这是因为卤菜均是通过加热卤汤使原料成熟入味，其色香味全都取决于卤汤的质量。然而，很多烹饪工作者在烹制卤菜时，大都是舀几瓢清水入锅，再加入鸡、鸭、香料、着色物等烧沸，然后用小火熬制几个小时，就开始卤制原料了。在多次卤制原料后，卤汤的量减少，就直接加入自来水和调味品。

试问，这样能做出好的卤菜吗？卤汤作为卤水的根基，不可小视。业内人士认为：卤汤的使用和保存的时间越长，香味越浓，鲜味越足，制作出来的卤菜风味也越佳。卤汤不仅是一个"反复"卤制沉淀的过程，也是中式菜肴用汤调味的一个技术特点。

二、卤汤鲜香的来源

首先，制作卤水时，用来熬汤的老母鸡、老鸭等原料，与传统中式菜肴熬制高汤的原料基本相同。但经过长时间、多次卤制原料并保存完好的卤汤不如高级清汤那般清澈见底，但在完全冷透后，同样会呈现胶质状。许多烹饪工作者在制作卤菜时，总是感觉卤汤不够鲜香，定会怀疑自己的香料搭配不恰当，其实是卤汤的质量没有达到高汤所要求的标准而已。

其次，卤汤的鲜味主要是由加进去的鲜味原料决定的，比如将猪棒子骨、老母鸡、老母鸭等放入砂锅里，掺入清水后，用小火炖上几个小时，汤汁就鲜味十足了。当然，汤汁的鲜美离不开盐，有咸无鲜食之寡淡、有鲜无咸尝之无味。如果在鲜味十足的奶汤中加入适量的五香料，用小火熬出香味。然后用这带有五香味的汤去煨煮牛杂和牛肉，并拌制成夫妻肺片，其香鲜味足，也绝不亚于陈年白卤水的风味。

调制高汤有"无鸡不鲜、无鸭不香、无肚不白、无皮不稠"的制汤口诀。熬制新卤水所用的高汤，需要用喂养两年以上的老母鸡、老鸭以及猪排骨、猪棒子骨等，先放入冷水锅里氽透，再去净血水并清洗干净。制汤时一是要选用新鲜食材，其中老母鸡鲜味浓厚、老鸭香味奇异、猪排骨醇香味足、猪棒子骨鲜香，多种原料混合熬制后，使得汤汁更加鲜香味美。熬汤时清水必须一次性加足，中途不宜再添加水，以免把汤味冲淡。原料、汤汁、损耗水量大致相等，即想要得到5千克汤汁，需要用老母鸡、老鸭、猪排骨、猪棒子骨各1.25千克，共计5千克；而熬汤过程中需要损耗汤水5千克上下，换句话说，要想得到5千克汤汁，需要5千克原料和10千克水。熬汤时，待大火烧沸并撇净浮沫后，改小火保持汤汁微沸。这样原料里的蛋白质、脂肪和其他营养成分将随着水温不断上升，从内向外慢慢地渗透出来，而汤面浮现的适量浮油可以减少营养成分的散失。实践证明，使用这种汤汁制作卤水，鲜香味足，比用清水加入熬汤料制作卤水的效果更好。

三、卤汤用量要适宜

卤汤是制作卤菜的核心，它的质量直接影响卤菜的口味。制作卤菜大多是荤类的动物性原料，其本身就含有相当多的呈鲜物质，新制作的卤水味道，也会随着原料的交替更迭和卤汤的反复使用而越来越鲜醇浓厚。制作卤菜时，卤汤的用量应该至少是所卤制原料的2倍，这样在卤制时原料才能全部淹没在卤汤里，而卤汤底部则应该放竹算垫底，预防卤制原料沉入底部粘锅。食材在鲜味十足、香味浓郁的数倍卤汤里卤制并浸泡，岂有不鲜香之理。在实践中，每次卤制原料后，卤汤都会减少，这时应该及时添加适量高汤作为补充，而不宜添加清水，因为清水在很大程度上会降低卤汤的口味。即便是加入清水后，再调入足量的调味品，也不及先前卤汤的味道浓厚。

四、卤汤的保存与保管方法

卤汤不仅需要重视汤汁的浓度和汤汁的口味，还需要注意使用过程中的调养，即调节油脂、调和卤汤以及保存和保管卤汤。

在卤水使用过程中，因加热促使卤制原料成熟入味，并反复使用。所以，卤水长时间卤制食材会影响卤汤的清澈程度，使卤汤变得过于浓稠（这里单指汤浓，而非味浓）；而卤制原料在产生鲜味物质的同时，也会产生少许异味。这时就需要先把卤汤上面的卤油捞取干净，再用猪瘦肉泥和鸡脯肉泥对卤汤进行扫汤、吊制、提炼，使卤汤变得清亮、味厚鲜美（方法与川菜和淮扬菜吊制清汤相同）。扫过的卤汤在清澈度上，虽然有很大程度的好转，但仍带有少量不纯的异味。此时，可把适量的化鸡油入锅烧热，下入适量生姜片、香葱白、洋葱块、干红花椒等炒香，掺入扫过的卤汤烧沸，撇去浮沫后，用纱布过滤沉淀即可。这也就是业内人士所说的"以油养汤，以汤润油"的道理，因为鸡油鲜香味醇，姜葱等原料又是最基本、最常见的去异增香原料，所以能够有效地去除卤汤异味。

对卤油的处理，可往卤油里加入适量高汤（原汤也可，清水不宜）、生姜、大蒜、大葱等入锅烧开，再下入水淀粉勾芡收浓，待其沉淀冷却后，再把卤油捞取出来。因为淀粉在遇热糊化的情况下，具有吸水、黏附的作用，形成的淀粉芡汁能够有效吸附杂质和异味，再借助油脂与芡汁的密度差异，使得芡汁沉淀下来、油脂浮在上面，从而改善卤油的不良色泽与味道。

尽管卤水里的香料具有一定的抑菌作用，再加上含盐量偏高的卤水本身也有抑菌的作用，但是因卤水里还含有大量的蛋白质、氨基酸等成分，所以在合适的温度下容易变质发酸。对卤汤的保存，传统的方式是把卤汤烧沸后，置于阴凉通风处静置晾凉。不过，卤水在保存时最好是把汤汁和油脂分开，因为浮在上面的油脂不仅不透气，而且冷却速度相对缓慢，这样会严重影响到卤汤的降温效果。如果油汤不分离的话，特别是在夏季，汤汁与空气的接触会被油脂阻断，那么汤汁需要相当长的时间才能冷却下来，很容易变质。条件允许的话，最好分别进行冷藏，而在制作卤菜时再把卤油放入卤汤中混合。

通过对卤水用汤的分析，可以知道，卤就是用汤烹菜和用汤调味的传统烹调技术的具体应用。所以，要想做好卤菜，首先应熬得一锅好汤。

第二节　卤水调色

众所周知，人们对外界物体的第一感觉是视觉，就菜肴而言，对视觉影响最大的就是色泽了。菜肴的色泽通常能够让人们联想到菜肴的味道，比如艳丽的红油配上少量的煳辣壳和几粒花椒，能给人以麻辣、香辣的感觉；一份绿油油的炒菜薹，能给人以清香、新鲜、健康的感觉。

不过，卤菜的颜色相对其他菜肴的颜色而言，其调制难度稍微要大一些。这不仅因为卤菜一般都是批量制作，也因卤制时所用香辛料中含有的各种不同成分对着色物的影响比较大。那么，要想掌握好调制卤菜颜色的技巧，就得了解相应着色物的性质、特点和运用。

一、正确理解食用色素

一说到色素，人们多多少少都有点谈虎色变的感觉，这是因为我们对色素还不够了解。色素是用以显示颜色的物质，又称着色剂或着色物。而食用色素是色素中的一个种类，它是指可以在一定程度上改变原有的食物颜色，或增加食物相应颜色程度的物质，加入这种物质可以改善和增进食欲，并且可以被人们食用且对人体无害。食用色素通常又分为人工合成食用色素和天然食用色素两种。

人工合成食用色素大多是从煤焦油中提炼并分离出来的原料制成的，如日落黄、胭脂红、柠檬黄等。人工合成食用色素在按照相关规定的限量使用范围内合理使用是安全的，它相对于天然食用色素而言，具有色泽更鲜艳、功能更稳定、着色力更强、成本低廉、使用方便等优点。不过，人工合成食用色素如果滥用或泛用还是会多多少少给人体带来危害，所以在实际烹调中并不主张过多使用。而天然食用色素不仅对人体无害，而且还含有人体所需的有益成分。

天然食用色素是从天然原料中提取精炼出来，对人体无毒无害，具有某种相应颜色的产品。其中植物原料有姜黄、栀子等，动物原料有含在虾表皮里的虾红素等，微生物原料有红曲米等。在提炼天然食用色素的过程中，还要求不改变天然原料的主体成分。天然食用色素相对于人工合成食用色素而言，成本较高，着色力和稳定性略差，但是安全性高，还含有人体所需的有益物质，并具有某些特殊功能。比如姜黄色素具有降血脂、降血糖、消炎、抗病毒等作用；红曲米具有降血脂、消食等功效；紫草红有抗炎症、清热解毒等效力。

天然食用色素的种类有很多，如辣椒红、栀子黄、姜黄、红曲色素、紫草红、桑葚红等几十种，在卤制菜肴时，它们的主要目的是着色，品种主要有焦糖色素、红曲色素、姜黄、栀子黄、酱油，以及其他肉类着色物。

二、卤水调色常用天然食用色素源

1. 焦糖色

焦糖色也被称为焦糖或酱色，是一种特殊的天然食用色素，其化学成分和结构非常特别，它在天然食用色素的研究中被单独列为一类。我们常用的"糖色"就是通过加热使糖在高温下脱水而生成的焦糖化反应。无论是经验丰富的专业厨师运用"高温焦化法"手工炒制出来的糖色，还是现在工业化生产出来的焦糖色，都不能百分百地确保其质量。因为焦糖色在制作过程中会受到原料、温度等诸多因素的综合影响。焦糖色是外观呈红褐色或黑褐色的液体，也有呈固体和粉末状的，可溶于水，具有着色强、性能稳定等优点。焦糖色目前是国内外天然食用色素中用量较大、使用范围较广的着色剂。

2. 红曲色素

红曲色素是把大米浸湿蒸熟，再接种红曲霉菌，培育成红曲米，然后用特定的提取技术浓缩精制而成。特制的水溶性红曲色素具有色价高、色纯正、热稳定性强的特点。相比合成红色素来说，红曲米无毒、安全，还有健脾消食、活血化瘀等功效。

3. 姜黄

姜黄色素是从主产于我国南方的一种姜科植物——姜黄的根茎，用乙醇或其他有机溶剂提取出来，再经过浓缩精制而得。按采收季节的不同，姜黄可分为春姜黄、夏姜黄和秋姜黄，而提取姜黄色素应选用秋姜黄。姜黄不仅是天然食用色素，而且还被广泛地作为调料使用，比如我们熟悉的咖喱粉里就含有姜黄。姜黄也是药食两用的植物原料，传统中医认为：姜黄具有通经止痛、活血行气、消炎等功效。

4．栀子黄

栀子是茜草科常绿灌木栀子树上成熟果实的干燥制品。栀子黄是用水或乙醇水溶液从栀子果实里提取后，再经浓缩精制而得，属于类胡萝卜素类的色素，却是少有的水溶性类胡萝卜素类色素，其热稳定性良好，具有清热降火、解毒等作用。

5．酱油

酱油是中国传统的调味品，俗称豉油。它是用豆、麦、麸皮等经发酵酿造的液体调味品，色泽红褐，有独特的酱香味，滋味鲜美，能促进食欲，增加和改善菜肴的味道，还能增添或改变菜肴的色泽。酱油一般分为老抽和生抽两种，生抽味较咸，用于提鲜，老抽味较淡，用于提色。

三、天然食用色素在卤水中的基本运用

在给卤水调色时，笔者一直都是秉持"无为而治"的态度，无为即是自然，治即是治理。"无为而治"就是不要过多地干预，刻意去改变。意思是说，在卤制品的主体色泽确立以后，只要颜色在合理的范畴内，就让它顺应自然的变化而变化，即卤水、卤制原料和着色物，以及其他调味料在加热过程中的物理和化学反应，遵循卤水的自然趋势。对于卤制品调色而言，还是应该遵循着色物的特殊性能，并结合卤制原料的具体情况而定。

（1）举个例子，四川的黑鸡全身皆为黑色，我们在用黑鸡作为原料制作卤制品时，是刻意地去改变它的颜色，还是遵循原料自身的本色呢？答案肯定是保持本色。现在，很多卤制品就是保持本色，不刻意使用着色物，使用常见的调味料和香料将卤水调成什么样的颜色，卤水就是什么颜色，再与卤制原料自身的颜色相结合，就是卤味成品的颜色，这是一种自然、天然之色。

（2）四川传统红卤水一般都是使用糖色去调色，并且是先调色后调味，具体到多少卤汤应该添加多少糖色，都没有硬性的规定，几乎都是厨师凭借自己的经验去灵活掌握。为什么要使用糖色去调色呢？这是因为糖色的颜色能够在150℃的高温下，保持相对稳定的性能，同时也不会因为卤水酸碱度的变化而变色。在实际的卤制工作中，也并非一次性地将颜色调整到位，而是要经过多次调试，直至颜色达到相对饱和为止。

（3）红曲色素在卤制时的运用，通常是将红曲米（即水溶性红曲色素源）熬制成红曲水后，再调入卤水中。红曲色素在实际卤制过程中，往往会加入适量焦糖色素与之混合使用，这是因为红曲色素对酸碱度和光比较敏感，容易造成稳定性较差，加入适量焦糖色能够弥补其不足之处，所以用红曲米作为着色物的卤味制品要尽量避光保存，以减少色泽的氧化反应。

（4）用栀子作为着色物时，应选择色红、形圆、子仁饱满者。实际烹调中通常的做法是先把栀子放清水锅里熬制成汁水，再用熬出来的黄色汁水去炒制糖色，这就相当于栀子黄与糖色混合使用，其原因也是由于栀子黄色素对光比较敏感。

（5）酱油在四川卤水中使用较少（几乎是绝对禁止使用）。常常听人说，用酱油（老抽）给卤水调色后，会让卤制品发黑，这也许是传统酱油的制作工艺与现在有所不同而造成的。酱油的红褐色与焦糖色的颜色很相近，而且现代酱油在制作过程中也会加入适量焦糖色去调色。笔者曾经用老抽和生抽混合后，再给卤制品上色调味，这样的卤制品在正常避开日光照射和放入保鲜盒冷藏，并且不再进行二次卤制加热的情况下，其色泽保持了1~3天，并没有明显的发黑现象，而且味道还更加鲜醇。

合理运用天然食用色素对卤味制品进行有效上色，使成品符合成菜要求，这是每一位卤味烹饪工作者都要掌握的基本技能。我们对卤味制品的调色，基本上都是先将着色物调入卤水锅里，然后再观察卤水的颜色和卤制品的颜色是否符合成品要求。卤水调色的工艺流程和方法极其简单，但这些着色物在给卤制品上色时的化学反应过程相对复杂，它会随卤水的酸碱度、温度、卤制时间等诸多因素的变化而变化。所以，我们必须了解着色物的基本特点和性能，这样在实际应用中才能更加灵活地综合运用它们去合理调色，以弥补单一着色物的不足。

在为卤制品调色时，应该分多次加入着色物，不宜一次性调色。除了特殊要求以外，卤制品的颜色应坚持"宁浅勿深"的原则。至于是调味前去调色，还是调味后去调色，或者是卤制品起锅前去调色，都应根据选用的着色物特性而定，最终目的是让着色的效果达到最佳。

第三节　卤水调味

　　卤菜是深受人们喜爱的一种传统美食，通常具有明显的地域特色，各个地方的卤菜风味也各异。卤水一般以传统咸鲜五香味为主，这种咸鲜复合味绝不是几种单一的调味料简单叠加在一起就行的，而是卤制原料与各种调味料组合后，加热发生碰撞变化的有机融合，自成一体。因此，对于卤水调味，必须要掌握相应的方法、了解原料之间的相互作用以及实际运用的技巧，才能做到"五味调和"，并烹调出色香味俱佳的美味卤菜。

　　卤水制作看似简单，其实复杂，包含了一定的科学性、技术性与工艺性。简单地说，就是把制作卤菜的原料与各种调味料进行适当配合，让其相互影响，并经过系列的、复杂的理化反应，从而形成不同风味。四川卤菜口味多样，其调味难度较大。通常以传统咸鲜五香味和香辣（麻辣）五香味为主，而香辣五香味相比咸鲜五香味所用调味料更多，调味难度更大，所以这里以四川香辣五香味卤水为例，讲述卤水调味的基本原理。

　　四川卤水调味即合理运用具有川味特色的各种调味料和调味方法，在卤制原料被加热的前后或加热的同时影响原料，使菜肴具有四川风味特色。其可用的调味料品种繁多，如何运用各种调味料对原料进行有效的调味，将直接影响菜肴品质。

一、卤水调味的具体步骤

　　卤水制作时味的调和，必须首先确定整体风味，也就是味型。味型可以根据各地卤水的传统口味，在此基础上设计出各种适应人们口味的特色味道。在卤水实际调味过程中，这里以香辣五香味为例来具体讲述卤水调味的基本步骤。

1．确定咸味

　　确定咸味，它决定了整个卤水的味道。这是因为后面所有的味都是以咸味为基础，都围绕着咸味而酌情调入其他调味料。咸味可以突出原料的鲜味，同时具有解腻、突出原料本味和相应香味等作用。在给卤水调味时，应当根据原料、卤汤等具体情况、按照"咸而不涩"的原则，把卤水的咸味调制得恰如其分，又能与其他诸味相互协调、相互配合。"涩"的意思是舌头感受到的不好味道，要求有咸味但不能让人感觉不舒服。咸味调味料主要有食盐和酱油，而复合酱油会让卤水里的咸味更加醇和鲜美。

2．调入鲜味调料

调入鲜味调料，主要有味精、鸡精等。鲜味料又称增味剂、风味增强剂，具有和味、增强与补充菜肴风味、使菜肴具有持续性浓厚复合感的作用。通常来说，鲜味不是独立存在的味，只有在咸味的基础上，才能呈现出来或表现得最为明显。在实际调味过程中，需要按照"鲜而不突"的原则，同时还要考虑卤汤和卤制原料在咸味物质的影响下所呈现的鲜味，酌情添加鲜味调料。"鲜而不突"的意思是使用鲜味调料来增鲜，目的是加强菜肴原有的风味，而不是要鲜味料的鲜味。因此在食用菜肴时，如果能感觉到鲜味料的味道就说明使用量过多了。

3．调入甜味料

调入甜味料，在烹调中甜味和咸味调料几乎可以在任何复合味中出现。甜味调味料主要有蔗糖或与蔗糖甜度相似的原料，如冰糖、麦芽糖、葡萄糖、果糖等。它在调味时可独立调味，但通常都要与其他调味料配合使用，调制出各种复合味。甜味料在卤水中的作用主要是调和诸味，矫正口味和增加咸味的鲜醇口感。一般情况下，甜味在卤水里的使用量以"似甜非甜"的感觉为宜。若是调制目前市场上流行的咸甜香辣口味，则以"甜而不浓"为宜。

4．调入辣味

调入辣味，主要原料是辣椒。辣椒在卤水调味中具有增香、压异、解腻、刺激食欲等作用。辣椒的品种多种多样，实际调味时应根据辣椒的品质和菜肴的具体要求，以"辣而不燥"为原则，适量加入。辣味既可单独使用，又可与其他调味料搭配合用，如与花椒混合使用，辣味不仅可以刺激食欲，还会让卤水的味道更浓厚而富有特色。但在香辣卤水调味中，是以辣味为主，加入适量花椒是为了协调辣味，配合辣椒增香提味，使卤水的复合味更加舒适。

5．调入呈香调味料

调入呈香调味料主要指各种香辛料。香是卤菜的灵魂，是构成卤菜特色风味的重要物质。人们常说卤菜很香，应该是对卤菜味道的高度认可。卤菜调香就是把各种呈香料进行合理组合，构成菜肴的风味特色。呈香料的主要作用是去除、掩盖原料的异味，助香、增香、赋香，以提升卤味制品的整体风味。在实际调香过程中，应以"香而不腻"为原则，即香味合适，不能过于浓烈而让人感到发腻。

二、协调诸味融合出香

在给卤水调味的过程中，不仅要把握好各种调味料的具体使用量和相应调入的时间，还应考虑各种调料之间相互协调的关系。

（1）如呈现咸味的食盐在用量上必须考虑加入增鲜的味精、鸡精等调味料的用量，因为鲜味对咸味有适当的减弱作用，而适量的咸味又可以增强鲜味。此外，鲜味的调和还应考虑鲜味料之间的协同增鲜效应，因为两种以上的鲜味料按相应的比例加入，可以明显增强鲜味。同时还要考虑卤制原料具有的鲜味成分，例如，鸡本身具有突出的鲜味，而且口感自然，若是加入过多的味精，反而会使鸡肉的鲜味不自然。

（2）甜味同样可以减弱咸味，用量过多时可以让咸味基本消失。但在咸味存在的情况下，适量的糖又可以改变鲜味的品质，使鲜浓感更加明显。

（3）辣味的刺激性非常大，加入适量白酒可以减少辣椒的燥辣感，糖的使用也可以让辣味更加柔和，三者有效地配合，可以协调融合出更为醇厚的辣味。

（4）香料在加热过程中散发的香味会使其他味道不够明显，所以香辛料的调入应考虑对其他味道的影响，其投放的时间最好是在卤水诸味调好以后。香料加入时，还应考虑香料中含有的苦味对卤水整体味道的影响。通常情况下，卤水调味会在香料加入后，再次对卤水味道进行确定，并加以适当调整。

卤水调味的核心是"五味调和"，就如同五行（金、木、水、火、土）的相生相克，是不可分割的两个方面。没有生，就没有事物的发生和成长；没有克，就不能保持事物发展变化的平衡和协调。同理，卤水调味也应遵循调味的基本原理，科学合理地运用各种调味料和调味方法，找到原料与各种调味料之间的平衡点，达到完美融合，最后形成和谐的整体味道。

第四节　卤水调香

卤水的香是卤菜风味的重要组成部分，其香气成分主要是由卤制食材自身存在的香气以及卤制过程中所生成的香气两部分构成。卤水调香是一门技术含量很高的工作。所谓"调香"就是运用各种呈香调料和调制手段，在烹调过程中使菜肴获得令人愉悦的香气，而且还能控制香气的烈度与释放时间的长短的工艺过程。香是卤菜的灵魂，味是卤菜的核心。卤水调香与调味一样重要，这就好比弓和箭，没有弓发不出箭；没有箭如何射中目标？没有一款菜肴只是单纯的调香而不调味的。所以，卤菜调香也遵循着"五味调和百味香"的基本规律。因此，卤菜调香也是伴随着调味一道进行的，其香与味两者相辅相成，缺一不可，才能使卤菜风味达到最佳。

一、提香：去除异味，提升食材自身本香

卤制食材的本味是卤菜香气形成的重要来源之一。如食材异味过重掩盖了本香成分或原料缺少自身香气而仅仅依靠调香料的香气，所烹制出的卤菜会失去（缺少）自身应有的风味。食材中的异味（臭气）是其自身携带或由微生物经生化反应所生成的，如与食物有关的含氮化合物甲胺、二甲胺、三甲胺、乙胺、腐胺等均有令人厌恶的臭气。在实际烹制中，我们会运用一定的调料减弱或掩盖原料带有的不良气味和适当的手段与之配合，从而突出原料的香气。其方式方法较多，常用的有以下几种：

1．浸漂洗涤

卤制整鸡、整鸭、猪蹄、牛肉（需改刀成重500克左右大小的块）等原料时，应投入清水中浸泡，使其去掉血污和腥膻等异味，血腥味较重的食材应多换几次清水；鲜味足的鸡鸭等食材不宜与腥膻味重的牛羊食材一同浸漂。通常夏季浸漂时间以3小时为宜，冬季不宜超过6小时。然后清洗干净，捞出沥干水分待用。

2．盐醋翻洗

如猪、牛肠需切除肛门后，加入适量的盐、醋、面粉，反复揉搓，冲洗并去

除外部黏液，直到用手触摸不滑为宜，然后将肠由里向外翻出，摘净附在肠上的油脂、杂物，再加盐和醋，反复揉搓，去除黏液、恶味，然后再用清水洗涤。

3．腌制

腌制俗称腌渍调味，卤制食材经洗涤后腌制不仅仅是为了入味，更多的是通过腌制去掉食材的腥膻异味和提升食材的鲜香味。如形体较大的鸡鸭、牛羊、兔等卤制食材，洗涤后还应加入香料盐直接抹擦食材表面，通过盐的渗透作用，使卤制原料既有一定的基础味，又能均匀地去除卤制食材部分异味。腌制时间夏季不宜超过5小时，冬季以10小时为宜。每500克卤制食材所用香料盐不宜超过20克。

4．汆水

牛肉的膻味、肥肠的腥味等，都需经过浸漂、腌制后再投入锅中汆水。汆水时卤制食材应冷水下锅，使其均匀受热，烧沸后保持锅中微沸至原料血水完全渗出捞出，清洗干净沥干待用。动物性原料如沸水下锅，其表面会因骤然遇高温而收缩，其内部血污和异味不易排出。汆水的主要作用是去除食材异味，利于食材定型。汆水过程中可加入适量花椒、生姜和大葱去异增香。

所谓提香就是适当清除（减少）食材异味，使食材的本香更加突出与纯正，从而提升食材特有的香气。在卤菜制作过程中能够更加有利于食材自身和调料中的含香基质充分溢出，从而达到提升卤制食材自身本香的目的。卤菜在实际烹制过程中，通常选用两种或两种以上的去异提香方法相互配合使用，使卤制食材去除异味的效果更佳。

二、赋香：借用外香，赋予卤菜特殊香味

制作菜肴的原料如果本身香味淡薄或无香味，要想烹制出适宜的香味，就只有靠借助其他呈香物质来给予菜肴香气。借香是我们烹制菜肴常用的增香方法之一，如葱烧海参就是借助大葱的辛香，使其相互交融，从而赋予海参特殊的香气；樟茶鸭特殊的香味同样是借助花茶、柏枝、香樟树叶等外来呈香料经烟熏而形成的独特香味。传统卤菜烹制过程中通常借助食用香辛料来增加香味，赋予卤菜特有的风味。

天然食用香辛料以其独有的滋味和香气在卤菜烹制过程中起着重要的作用，

主要用于动物性（畜类和禽类居多）食材，目的是为了赋予卤菜独有的香味，形成独特的风味，还可抑制和矫正卤制品的不良气味，掩盖食材的异味，而且多数香料无毒副作用，没有限制在卤水中的用量。因此，充分了解香料的特性与应用，对卤菜调香非常重要，在卤水调香中需坚持如下原则。

1. 合理分类

天然植物香料种类繁多，在实际应用中，我们根据香型的不同，将香料分为不同的种类：

（1）芳香类香料　以芳香为主、气味纯正、芳香浓郁的香料，如八角、肉桂、小茴香、丁香、多香果、孜然等；芳香类香料又可分为甜香类，如八角、肉桂等。甘香类，如甘松、香叶等。辛香类，如高良姜、胡椒等。

（2）苦香类香料　香料中含有苦涩味道，同时兼有香气物质的香料，如白芷、陈皮、广木香等。

（3）风味类香料　以赋予菜肴风味为主的香料，香料中含有特殊滋味（如辣味、麻味）成分，如辣椒、胡椒、花椒等。

（4）矫正异味类　能够有效地矫正菜肴不良气味的香料，如大葱、小葱、洋葱、大蒜、生姜等。

（5）着色类　能够改变或优化食物色彩的香料，如黄栀子、姜黄等。

2. 组配香料

香料品种较多，其选用与组合变化对卤菜风味的形成极为重要。在组配香料时，我们应该清楚所选用香料的作用和使用目的。在组配香料为卤水调香笔者始终坚持"四六"比例原则，这种方法在调香实践中屡试不爽。所谓"四六"比例，即搭配香料时以芳香类香料为主占所用香料的60%，其他类香料为辅占40%的基本比例。其中芳香类香料应根据卤水和卤制食材的特性而确定甜香、甘香、辛香三类香料的具体品种及其用量，通常是先确定品种，再定用量。其他类香料主要指风味类和苦香类，所选用的风味类香料只要不影响卤水整体风味即可；苦香类香料在选用时应根据其香味特性，需斟酌其品种与具体用量。这种方法简单实用，对于初学者而言，只要品尝香料的滋味就能完成搭配，经验丰富者更是轻车熟路，但要更好地科学搭配就要详细掌握各种香料的特性和内含成分以及香料之间的相互作用。

3．使用形式

香料在卤水中按其使用形态主要分为完整香料和粉碎香料两种形式。

（1）完整香料形式　就是香料不经任何加工或粗略加工（如将个头过大的香料适当改小），使用时一般制净后直接投入卤水中与卤制食材一起煮制，使呈香呈味物质溶于卤水中从而被卤制食材吸收，这是香料在卤水中最传统、最原始的使用方式。

（2）粉碎香料形式　是指天然香料在最原始形态下经干燥后根据不同要求粉碎成大小不一的颗粒或粉状，使用时直接加入卤水中，这种方式较完整香料利用率更高，能够快速地释放香气。

香料在卤水使用过程中，无论是完整香料还是粉碎香料形式，为了卤菜的美观，都应装入香料袋中使用。

4．加热时间

香料的使用形式决定了加热时间，通常完整香料（如八角、肉桂）加热时间为3～5小时，香草状香料（如甘松、香茅草）的加热时间通常为1小时左右；而粉碎香料如直接投放加热时间通常为30分钟以内。

所谓赋香就是给予卤菜一种风味。通过加热使香料的呈香物质溶于卤水中，使其黏附在卤制食材表面并渗透其内部，从而达到赋予卤菜新的香气和滋味，形成特殊的风味。

三、矫香：修饰异香，调和诸香风味自成

卤水在调制过程中尽管使用了适当的香料赋予卤菜特殊的香味，但卤水中仍然存在少许不良气味，主要包含食材的异味以及香料所散发出的令人不悦气息。这时我们就需要使用其他香气（物质）去修饰卤水的香味，使香料在卤水中发挥应有的效果。最简单的方法就是在卤菜即将成熟时投入一定数量的矫正异味类香料，如大葱、小葱、洋葱、大蒜等一同加热，能够有效地达到去异增香、协调其他香味的目的。这些香料的作用我们早已熟知并在平日烹调中广泛应用。

所谓矫香就是使用矫正异味类香料在加热过程中产生多种呈味物质，与卤水特有的呈香呈味物质相互交融，从而去除或掩盖卤水中不够纯正的异味，达到调

和各种香味的目的，使其有机地融合为一个舒适的整体。

对卤菜而言提香就是去除异味、提高食材本香，赋香就赋予卤菜一种特殊的风味，而矫香是修饰提香和赋香过程中所生成的不良异味。提香是内因，赋香是外因，矫香是调和。所以，卤水调香不仅要内外兼顾，还要适当修饰打磨内因和外因之间的棱角，才能相得益彰。但卤水调香是一个比较复杂的系统工程，是卤制食材与卤制过程中所产生的香气的有机融合。而卤制过程中所产生的香气与其所使用的基础调味料、香料、火候的控制等诸多因素息息相关。如果我们想要掌握更好的调香技术，就必须系统地学习和掌握其调香所涉及的诸多知识，并能合理应用，才能调制出更加令人愉悦而舒适的卤菜香味。

第五节　卤水火候

在整个烹饪过程中，火候是菜肴制作成败的关键所在，我国烹调工作者历来重视菜肴烹制时"火候"的把控，早在两千多年前《吕氏春秋·本味篇》就阐述了火候运用与掌握的准确程度既可去除食材的不良异味，又能保持原料独有的美味，形成相应食物风味。清代《随园食单·火候须知》关于火候的论述也解析了火候是将食物制熟以及菜肴多元化风味形成的重要条件。

从表面上看，烹制卤菜对火候的要求不是那么讲究，只需将原料投入卤水锅煮熟即可。但在实际操作中，有时会出现卤制原料火候不够，或者是原料过于成熟难以成形等情况。这就是烹制卤菜时火候没有掌握到位的缘故。

制作卤菜的火候有讲究，因为卤菜的成熟和入味，均是通过把握火候才得以实现。一锅卤水可同时卤制多种食材，而卤菜的风味形成和质地要求都与火候有着直接的关系。只有弄清楚这些关系，才能灵活把握火候，并烹制出风味、质地、形态俱佳的卤菜。

一、火候的含义

火候里的"火"是指火力，它是在烹调时传递热量大小与温度高低的用语，而"候"则是指时间，也有等待的意思。所谓火候就是根据原料的特性和料形，以及烹调方法、菜肴口味、质地等要求，通过对火力大小和加热时间长短的调节与控制，以获得适宜的温度与恰当的加热时间之间的有效结合。业内人常说的掌握火候，就是在烹调技法的要求下，采用相应的火力对切配成形的原料进行加热，使成菜符合出品口味与口感的要求。

在传统烹调中，厨师一般通过观察来识别火力，判别温度、掌握食材成熟度。经过长期实践，人们根据火焰高低的形态、火光的明暗度及热力大小的不同，将烹调用火分为四种。

第一种是旺火，又称大火、猛火、武火等，它是火力最强的一种。其特征为火焰高而稳定，火光明亮耀眼，呈黄白色、辐射力强、热气逼人。

第二种是中火，又称文武火，火力仅次于旺火，介于旺火和小火之间。其特征是火焰较旺、光亮度暗于旺火、呈黄红色，热辐射较强。

第三种是小火，又称文火、温火等。其特征是火焰时有时无，光亮度暗淡，辐射热较弱，热气不重。

第四种是微火，又称弱火，有火无焰，火力极其微弱，多用于维持恒温。除此之外，微波炉、电磁炉等炊具的火候是按照温度设定的档位进行划分与使用。

识别火力是掌握火候的前提。在烹调过程中，一方面要从燃烧的烈度去鉴别火力的大小，进而控制热量；另一方面要根据原料性质去掌握成熟时间的长短，两者协调统一，才能使菜肴达到最佳要求。

二、卤菜火候的运用

卤制品由生到熟，适宜的加热温度是成菜色、香、味、形俱佳的关键。卤制过程中，食材的温度来源于传热介质，而传热介质的温度又源于热源，那么把握好每个环节所需的热量，就是把握好食物加热过程中的火候。卤菜火候的运用是在烹调方法"卤"的总体要求范围内，根据所卤原料的成熟状态对热量的要求，按质感需求合理控制好加热温度和加热时间。由于卤制原料种类繁多，其生长环境、生长周期、预加工方法、加热设备及各地饮食习俗不同，故火候的要求也不相同。传统卤菜工艺中，火候虽然不好掌握，但不代表不能控制。卤菜的火候也有相应的规律可循，经过长时间的实践、总结和领悟，便能掌握要点、灵活运用。

1．传热介质对火候的影响

卤水的传热介质主要是水，一般情况下由90%左右的卤汤与10%左右的卤油混合而成。因为水和油的密度不同，造成整个卤汤始终处于下半部，而卤油浮在卤汤的上面，所以卤油的温度由卤汤的温度经过对流传递而来。通过水（指卤水）为传热介质，并以对流的方式将热量传递给食材进行熟化，加热温度相对稳定，能够有效控制在100℃以内。

无论卤水处于沸腾或微沸状态，理论上说其温度都是100℃，但卤菜卤制的效果却不一样。沸腾的卤水虽然不能提高温度，但在单位时间内能够提供更多的热量，因为剧烈的沸腾增加了对流换热系数，卤水吸收的热量相对就多，同时传递出来的热量也多，这样食材在卤水中受热就能更快，从而确保了食材里的水分不会过度流失，使质地变得软嫩、鲜嫩或脆嫩。微沸状态的卤水虽然单位时间内传热量少，但若是增加了受热时间的话，食材从中所获得的总热量并没减少，而长时间加热，会使原料分子间的键断裂，形成软糯的口感。

卤制菜品时，要想成品的口感软嫩、鲜嫩或脆嫩，应以旺火沸水短时间加热，如卤鸭肠、卤小龙虾等；而要想形成软糯、酥烂的口感，则应以中小火保持微沸长时间加热，如卤鹅、卤鸡、卤猪肘等。

2．卤制原料对火候的要求

卤水卤制的原料种类繁多，而原料的生长环境、生长周期、质地、形态、大小等各不相同，都直接影响着热量的传递速度与效率。在卤制过程中，应根据不同原料的特性对应不同的火候，从而达到相应的品质要求。如卤制生长一周年以上的老公鸡和普通猪蹄时，因老公鸡的生长周期长，肉质较老而厚实，整鸡形态较大，故需要长时间加热。而普通猪的生长周期短，通常为3～6个月，猪蹄的肉质相对较嫩而易于成熟。若是将这两种原料放同一锅卤水里加热卤制，那么应先把公鸡加热卤制一段时间后，再投入猪蹄一起加热，最后同时捞出。或者同时下锅卤制，再分时段先捞猪蹄后捞整鸡，以达到最后统一的质感。

对同一种食材来说，若是体积大小不一，食材由生到熟所吸收的热量也不一样。从"比热容"的角度来说，同样比热容的原料，质量小的所需要的热量就少，也越容易成熟。从"路径"上看，食物体积大，所需要加热的路径就长，如卤大块的牛肉比卤小块的加热时间长。原料在经过适当的刀工处理后，由于体积与形态发生了改变，火候也要做相应的调整。也就是说，卤制体大厚实与质老的原料需要小火长时间加热，而卤制质嫩体小的原料则加热时间相对较短。

3．卤制中对火候的辨别

厨师一般都是通过所烹制原料的颜色、外观、弹性等变化来判断原料的成熟度，从而把握好火候。在传统卤制工艺中，火力的大小可以通过观察卤水产生气泡的大小和沸腾状态，去判断加热的程度和相应的加热时间。若是卤水的气泡散尽，卤汤翻腾而发浑，那就是火力过大。

把多种不同的食材投入卤水锅，采用同样的火力进行卤制，要达到合适的质感，只有把原料从品种上分开、从部位上分档，才能对各种原料所需要的火候做出相应的判断。通常的做法是在卤制的相应时间段检查原料受热熟化的程度。比如检查牛肉、猪头肉等肉类原料时，用筷子插透，若是感觉不费力，那火候就相对适宜，反之，则需要适当继续加热。不过，若是卤制过火的话，原料极易碎散，难以成形。此外，在卤制鸡鸭等整只原料时，通常是用手拽腿部，若是有拉断的感觉，说明火候相对合适；若是拉扯不动，并有适当的弹性，那说明火候不够，仍需继续加热卤制。

三、卤菜火候的要素

在卤制食材过程中，火力的控制、加热的时间及加热的温度，都是决定成品质量的关键。只有三者有效地配合，才能使食材获得合适的热量，卤制出上乘的卤菜。

1．火力控制

火力一般是指燃烧物燃烧的剧烈程度，能够调节和控制传热介质与食材的温度。卤制原料时，火力过大、卤汤大开，而翻腾的卤汤却并不能加快食材的成熟，只能使卤汤里的水分蒸发消耗过多。实践告诉我们：卤制原料时的火力应以卤汤微沸、略冒水花而无响声的状态为宜。这样既能减少卤汤的消耗，又有足够的加热时间，还能使原料分子间的键断裂，达到适宜的质感。

2．加热时间

原料在加热卤制时吸收热量所持续的时间，是决定原料获取多少热量、熟化程度的关键因素。卤水持续加热并把温度稳定在一定时间内，那么加热时间、传热介质与卤制原料间的换热量成正比。简单地说，就是卤制原料由生到熟所需要加热的时间。不过，卤制原料不是一遇到合适的温度就能成熟，还必须在恒定的温度下，持续相应的时间才能成熟并符合成品的要求。

3．加热温度

原料卤制时受热量的程度，决定着传热介质与原料之间换热时热流量的大小，但还不能确定原料究竟吸收了多少热量。卤水传热介质的特性决定了卤水温度的稳定性，所以卤水的温度相对也好把握些。随着卤汤温度慢慢升高，卤汤会慢慢渗透到原料内部。热量分子在高温作用下，加快运动速度，渗透力增强，并将原料内部的物质溶解，使原料的外部与内部平衡统一，从而达到成熟入味的目的。实践发现，要使原料在一定时间内获取足够的热量，并发生符合烹调要求的变化，通常具体要求传热介质必须具备适当的温度。具体操作时，不仅要考虑加热时的温度，还要注意停止加热后卤水的余温，因为关火后卤汤的温度不会马上就恢复到常温，它需要一个冷却的时间。实际操作中，往往是关火后并不立即捞出卤制品，而是继续让制品在卤汤中浸泡，使其入味效果更佳。所以，加热温度应该包含开火加热时的温度与停止加热后的余温。

要掌握卤水烹制的火候，必须正确认识卤水传热介质及其作用，遵循相应规律，并根据原料的性质和成品的要求去正确运用火力及加热时间。火候的变化非常精妙，原料的大小、数量以及季节的变化都会对其产生影响，这不仅需要我们从上述变化来调节加热温度与时间，还要明白烹饪火候的本质即热量与温度的关系，才能更好地掌握火候的真谛，并用以烹调实践，从而使卤制成品达到我们所需要的效果。

第四章

四川卤菜自制
调味料与蘸碟

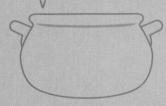

第一节 自制调味料

自制调味料就是纯手工制作的用于菜肴调味的调料，四川卤菜调味所用的自制调味料品种较多，如红油、花椒油、复制酱油等。

一、红油

红油又称红油辣椒、熟油海椒等。川菜独特的自制复合调味油，是将菜籽油注入锅中炼熟，将锅端离火口，待油温降至六成热左右时，倒入盛有辣椒末的器皿内并搅拌均匀，待辣椒末酥香、油呈红色即成。根据菜肴需要，可以只用红油，也可将红油与其辣椒末混合使用。川味小吃多数都离不开红油，如担担面、重庆小面、钟水饺、龙抄手等；红油更是川式冷菜的灵魂，在川味凉菜中使用频率最多、使用范畴最广，如夫妻肺片、红油耳片、棒棒鸡、红油皮扎丝等。

1. 红油香型

红油属复合香调味料，里面不仅含有菜籽油的脂香还有辣椒的煳香和酥香。按其主要香味可将红油分为煳香和酥香两种。

（1）煳香型　煳香，是指把干辣椒炒成棕褐色时所产生的略带焦煳的香味。煳香型红油主要就是用这种带有焦煳香味的干辣椒制作的红油，成品以煳香为主，酥香和脂香混合之香为辅，色泽较深。炼煳香型红油时，通常是将60%~70%的辣椒炒成棕褐色带有煳香味，30%~40%的辣椒炒至酥香。然后将两种炒至不同程度的辣椒混合捣碎（粗颗粒状，如同黄豆般大小），捣碎后的辣椒面不宜立刻使用，需密封放置两三天。因辣椒在炒制过程中加入了少许的油脂，在放置过程中可以浸润密封的辣椒面，使其色泽变得更加油亮光泽。

（2）酥香型　酥香，是指把辣椒炒至酥脆时所产生的辣椒特有的椒香香味。酥香型红油就是用炒制酥脆的干辣椒所制作的红油，其香味主要由干辣椒的酥香与菜籽油（炼熟后所发出来的令人愉悦的香味）的脂香相互融合所构成的综合香气。酥香型红油以辣椒的酥香和菜籽油的脂香为主，色泽红亮，香气宜人。炼制酥香红油，只需将辣椒全部炒至酥香即可。

2．辣椒的选择

我国的辣椒品种较多，不同的辣椒都有各自的特点，有的辣，有的香，有的色泽好，但能够兼有色、香、辣三者的品种几乎没有，因此炼制红油经验丰富的烹饪工作者都会选择两种以上的辣椒，以达到香味和辣味以及色泽互补的目的。行业人士常说：二荆条红亮、灯笼椒香、子弹头辣。所以制作红油通常都是选择这三种辣椒按1：1：1的比例搭配，也可根据食辣程度适当调整辣度指数较高的辣椒品种的具体用量。

3．辣椒的处理

辣椒选好后，需做初加工处理，一是剪节，将每种辣椒分别剪成1～2厘米长的短节，并去除辣椒籽待用；二是炒制，将锅洗净烧热，注入少许熟菜油烧热润锅，投入辣椒节，小火慢慢翻炒至酥香或煳香（根据所炼制红油的要求而定）；三是粉碎，把炒好的辣椒节放入碓窝，舂捣成辣椒面，一般煳香型红油略粗些，酥香型红油相对煳香型红油再细点。

4．炼制红油

炼制红油，除选好辣椒外，还需选好油，以菜籽油为首选。菜籽油，四川也称菜油或清油，因生菜油闻起来有一股特殊的味道，我们俗称"生油味"。所以炼红油之前，需先将生菜油炼熟。

炼制红油时，辣椒面与熟菜籽油的比例依需求而定，没有严格的规定。一般辣椒与油脂以1：5的比例居多，也可1：3或1：8。炼制红油通常分三次下油，第一次用适量的常温熟菜籽油将辣椒面拌匀，以防止热油将辣椒面激煳。第二次将五六成热的熟菜籽油，倒进装有冷熟菜籽油拌匀的辣椒面盛器里，并搅拌均匀，目的是全面激香辣椒，使其出香效果达到最佳，与之同时出味，使香与味相互交融，融为一体。若油温过高，可加入适量冷菜籽油或者洗净的小葱，可适当降低油温。第三次注入一二成左右的温油，浸泡出颜色。另外，在第三次注入温油之前可投入适量熟白芝麻增香，炼制好的红油需静置24小时以上使用。

二、花椒油

花椒油具有麻香浓郁、滋味醇厚等特点，在菜肴中主要起增麻、增香，突出菜肴风味等作用。

原　　料　　干红花椒1.5千克，干青花椒500克，菜籽油6千克，生姜片200克。

制作流程　　1. 将干花椒去除杂物。

2. 净锅置小火上，投入花椒焙至酥香时起锅待用。

3. 净锅注入菜籽油烧熟，投入生姜片炸干水分后捞出，待锅中油温降至四成热时，投入焙香的花椒酥出香味，净置12小时后过滤，弃花椒粒取其油，置于容器中即可。

三、复制酱油

复制酱油又称复制红酱油，具有色泽棕红、醇香浓郁、汁稠咸甜等特点。常用于凉菜、小吃以及面食的调味。在烹调中能够增加菜肴的色、香、味等作用。

原　　料　　酱油5千克，红糖1千克，纯净水1千克，八角20克，肉桂10克，甘草10克，山柰5克，干红花椒15克，小茴香5克，生姜150克，大葱节100克。

制作流程　　1. 生姜去皮洗净、切成薄片，红糖切碎。将八角、肉桂（掰成小块）、甘草、山柰、花椒、小茴香洗净装入纱布袋中待用。

2. 炒锅洗净置中火上，注入纯净水、酱油、投入香料包、生姜、大葱烧沸，改小火熬至香气四溢，锅中酱油略显浓稠时，捞出香料包、拣出姜葱，将熬好的酱油置于陶瓷容器中保存即可。

四、椒盐

椒盐具有咸鲜香麻的特殊风味，多用于酥炸、软炸类菜肴的调味，在卤菜中多与辣椒面混合制成干蘸碟或辅助调味。

原　　料　优质干红花椒100克，精盐250～300克。

制作流程　1. 将花椒去除椒目和枝梗，净锅置微火上，投入花椒焙至酥脆时起锅，凉凉后打磨成细粉状待用。
2. 将精盐投入净锅中，小火炒干，取出凉冷后与花椒粉拌匀即可。

五、五香盐

五香盐又称香料盐，是将精盐加五香料炒香，再打磨成粉。主要用于腌制卤制食材，具有去腥增香、增味的作用。

原　　料　精盐1千克，八角50克，肉桂50克，花椒25克，小茴香50克，公丁香20克。

制作流程　将精盐与五香料一同投入锅中，小火炒干，至精盐发黄，五香料出香时，出锅凉凉后将五香料打磨成细粉与精盐拌匀即可。

第二节　卤菜蘸碟

蘸碟又叫味碟，四川老百姓俗称"蘸水"。巴蜀之地，人们对蘸水十分讲究。川菜至少有三分之一的菜肴需要配备蘸碟，川味蘸碟少则由六七样，多则十几种调味料兑成，其调制方法相对简单，多数是根据个人的口味喜好自由发挥。总体上分为干蘸碟和蘸水碟两大类。四川卤菜一般配制香辣干蘸碟、红油、麻辣、酸辣等味碟。

1. 香辣干蘸碟

香辣干蘸碟是将适量椒盐、辣椒面、熟芝麻、花生碎、味精拌匀即可。

2．红油味碟

红油味碟是将适量盐、复制酱油、白糖、味精、红油混合搅拌均匀即可。

3．麻辣味碟

麻辣味碟是将适量盐、复制酱油、白糖、红油、花椒面、花椒油、味精混合搅拌均匀即可。

4．酸辣味碟

酸辣味碟是将适量盐、醋、红油、白糖、香油、味精混合搅拌均匀即可。

5．鲜椒味碟

鲜椒味碟是将适量青红小米椒剁碎，加入盐、复制酱油、辣鲜露、葱油、少许红油混合搅拌均匀即可。

第五章

四川卤菜
烹制工艺

四川卤菜就是生活在巴蜀的人们，按照四川的饮食风俗，合理运用具有当地特色的食材、调味料以及调味方法，使其并具有四川风味特色的卤制菜肴。简而言之，四川卤菜就是使用具有四川风味特色的卤汤，将原料煮至成熟入味的菜肴。

第一节　四川卤菜的特点

四川卤菜品种丰富，制作精细、亲民而家常，乡镇集市、街边小馆，随处可见。四川卤菜不仅具有浓郁的地方特色，而且还具有其他菜肴所不及的优势。因此，逐渐繁荣，日久不衰。

一、取材方便，品种繁多

四川物产丰富，故可用于烹制卤菜的原料颇多，无论是猪、牛、羊、兔，还是鸡、鸭、鹅，以及畜禽内脏、豆干、腐竹、竹笋、土豆、海带，甚至田螺、鱼、海鲜等都可以用于制作卤菜，给烹饪工作者和食客提供了更多的选择空间。

二、滋味丰富，拌蘸合理结合

四川卤水的五香味是川菜中使用调味料最多的一种味型，给人的口感极为丰富舒适。通常又不是单一的卤制成菜，往往还会将卤菜进行二次调味。即将卤菜经刀工处理成丝、片、条等料形后，根据食者口味酌情加入适当的辅料（如葱、香菜等）以及其他调味料（如白糖、酱油、红油等）拌制而食。还可配蘸碟食用，通常由干辣椒面、椒盐、味精、熟芝麻等混合拌匀而成的干制调味料。

三、食用简单，携带方便

四川卤菜为巴蜀人们特别喜爱的佐酒佳肴，食者只需简单改刀成丝、片等形状，往餐盘中一放即可食用。由于卤菜含水量少、无汁水，便于携带，是外出旅行不可多得的佳肴。

四川卤菜选料广泛，家禽、畜类、蔬菜、海鲜均可，这些原料含有人体所需要的营养成分，加上四川卤菜烹制时加入了许多调味料，如胡椒能温中散寒，辣椒可增强食欲，生姜能祛风散寒等，这些调味原料与食材相互融合，相得益彰，不仅呈现出更加醇厚、舒适的味道，还给人们提供了丰富的营养。

第二节　四川卤菜原料初加工工艺

初加工也称预加工，是对不同性质的烹饪原料，进行初步整理，使其符合烹调应用和卫生要求，保证菜肴质量。制作四川卤菜所用的食材和调味原料都比较多，主要包括卤制食材初加工和调味原料初加工两部分。其中调味原料包括香料、卤水基汤、着色物、卤水封油等。应根据实际情况酌情处理，才能确保卤菜的品质。

一、卤制食材初加工

四川卤菜卤制原料需根据具体情况进行加工处理，如燎毛、刀工处理、洗涤、浸泡、腌制、汆水等。

1. 燎毛

燎毛又称火燎，就是用火烧除去动物原料表面没有拔出的绒毛或不易刮净的毛茬。如加工猪头、猪蹄、羊蹄、鸡、鸭时，多采用此方法。

2. 刀工处理

刀工处理就是根据卤制要求，将卤制食材加工成一定形状的操作过程，以便于卤制成熟、入味和食用。如牛肉通常将生料改刀为500克大小的块。

3. 洗涤

卤制原料初加工时，均需经过洗涤，有的需经两次以上，有的需要浸泡清洗等。

（1）**浸漂洗涤**　如整鸡、整鸭、猪蹄、牛肉（需改刀成重500克左右大小的块）等卤制原料应投入清水中浸泡，使其去掉血污和腥膻等异味，血腥味较重的食材应多换几次清水；鲜味足的鸡鸭等食材不宜与腥膻味重的牛羊食材一同浸漂。通常夏季浸漂时间以3小时为宜，冬季不宜超过6小时。然后清洗干净，捞出沥干水分待用。

（2）**盐醋翻洗**　如猪、牛肠切除肛门后，须加入适量的盐、醋，反复揉搓，冲洗并去除外部黏液，直到用手触摸不滑为宜，然后将肠由里向外翻出，摘净附在肠上的油脂、杂物，再加盐和醋，反复揉搓，去除黏液、恶味，然后再用清水洗涤。猪肚应去净油筋和污物，加盐和醋反复揉搓、清洗，直至猪肚变白。然后投入80℃左右的热水中稍烫，捞出，刮去白膜和残余胃液，清洗干净待用。

4．腌制

腌制俗称腌渍调味，卤制食材经洗涤后腌制不仅仅是为了入味，更多的是通过腌制去掉食材的腥膻异味和提升食材的鲜香味。如形体较大的鸡鸭、牛羊、兔等卤制食材，洗涤后还应加入香料盐直接抹擦食材表面，通过盐的渗透作用，使卤制原料既有一定的基础味，又能均匀快速地去除卤制食材部分异味。腌制时间夏季不宜超过5小时，冬季以10小时为宜。每500克卤制食材所用香料盐不宜超过20克。

5．汆水

卤制食材通常都有其独特的气味，如牛肉的膻味、肥肠的腥味等，都需经过浸漂、腌制后再投入锅中汆水。汆水时卤制食材应冷水下锅，使其均匀受热，烧沸后保持锅中微沸至原料血水完全渗出捞出，清洗干净沥干待用。动物性原料如沸水下锅，其表面会因骤然遇高温而收缩，其内部血污和异味不易排出。汆水的主要作用是去除食材异味，利于食材定型。汆水过程中可加入适量花椒、生姜和大葱去异增香。

二、卤水香料初加工

1．破碎香料

卤水香料的使用多数情况下还是沿袭传统的方法，即整香料或适当掰成小块的方式。所以香料的初加工主要是将八角、桂皮、白芷根等香料掰成小块；白豆蔻、砂仁等拍破；草果拍破去籽；干辣椒剪成节去籽等。也可根据卤水实际烹制的需要将香料打磨成粉状，如四川油卤、现捞等卤菜制作时，通常都是将香料打磨成粉状。

2．浸漂香料

香料均含有一些杂质，应用清水浸泡，以去除杂质和异味，并使其回软，便于出味出香。以浸漂透为宜，在浸漂香料时以常温清水或略冰的水为宜，因为香料具有挥发性，其所含有的呈香物质遇热会加快挥发。

三、卤水基汤的熬制

所谓卤水基汤就是指制作卤菜需要的鲜汤，简称基汤。四川卤菜讲究芳香浓郁、鲜香醇厚自然，而风味的形成主要是通过汤来实现的。卤汤就是鲜汤中加入适量的呈味物质、呈香物质以及着色物等融为一体的综合物，是卤菜风味形成的基本条件和重要原料。因此，要实现卤菜的鲜香醇厚，就必须在鲜汤的熬制上下功夫。

1．熬汤基本流程

> 原料洗涤 → 汆水、治净 → 冷水下锅加热 → 投入辅料（姜、葱、花椒、胡椒等）→ 中火烧沸 → 小火持续加热（8小时以上）

2．熬汤基本食材

熬汤的食材是影响汤汁质量的重要因素，熬汤食材应选择自身含有丰富的呈味物质，在一定的时间内，能够得到相对品质的汤。所以，熬制卤汤的基础汤应选择鲜味充足、新鲜程度较高、腥膻味较少的鲜禽和猪肉等动物性食材。

（1）鲜禽（主要包括老鸭、老母鸡等） 熬汤要求鲜禽肌肉具有弹性，经手指按压凹陷部位能立即恢复原位，表皮和肌肉切面有光泽，具有其固有的色泽和气味，不得有异味出现。

（2）鲜猪（主要包括猪棒骨、排骨、五花肉、猪皮等） 熬汤要求鲜猪肉色红均匀有光泽，脂肪乳白色，纤维清晰，经手指按压凹陷部位能立即恢复原位，表面湿润而不粘手，具有鲜猪肉固有的气味。

3．熬制卤水基础汤

食材汆水洗净（棒骨敲破）后，随冷水一同入锅。水沸后去除浮沫，投入生姜、葱、花椒和胡椒即转入小火持续加热，汤面保持微沸10小时以上。如火力过旺，沸腾剧烈，会导致汤色变为乳白，不易澄清。如火力过小，食材内部的呈味物质因扩散系数小而减慢溶出速度，影响汤的质量。若沸水下锅食材表面骤然受热，蛋白质容易凝固，导致呈味物质难以溶出。

四、卤水着色物的制作

卤菜色泽美观，四川卤菜调色以糖色为主，也可使用其他着色物调色。糖色调色可单独使用，也可与黄栀子、红曲米等混合使用。黄栀子色泽深黄，通常与糖色混合使用，但不宜过多，因其药苦味较重，会影响卤菜口感。红曲米色泽暗红，不够鲜艳，建议与其他着色物混合使用。

1．糖色制作

糖色在烹饪中主要用于菜品的上色增香，可用于制作卤菜、烧菜、蒸菜类等菜肴。

炒糖色是指用少量油炒糖（多用白糖或冰糖），糖受热熔化为液态糖，加热至180~190℃以上，液态糖发生焦糖化反应使糖分子产生聚合作用而变成棕褐色时，加入热水成糖色液的操作方法。炒糖色可分为油炒、水炒或水油混合炒三种方法，但以油炒居多。

原　料　冰糖500克，沸水1.5千克，色拉油适量。

制作流程　先将冰糖敲碎。净锅置中小火上，注入色拉油烧热，投入冰糖翻炒，至糖熔化满锅起大泡，待大泡变成鱼眼泡，颜色由黄色变成深红色时，注入沸水，搅拌均匀，中小火熬至糖焦煳味消失后起锅即可。

（1）制作卤菜炒糖色一般选用冰糖，冰糖色比白糖色更加油亮。

（2）如糖色炒得嫩，味发甜，颜色较浅；而糖色炒得老，其焦化程度也比较深，故味发苦，颜色较深、带有焦香味。一般情况以糖满锅起泡，大泡变成鱼眼泡，成酱色时，立即注入沸水，略熬即成。

2．黄栀子黄汁水制作

将黄栀子拍破治净，用温水浸泡回软，然后用中小火加热，至汁水变黄略浓时，过滤料渣即可。

3．红曲米红汁制作

将红曲米去除杂质，加入清水熬制至色红除去料渣，留汁即成。

五、卤水封油的制作

卤水封油就是覆盖在卤汤表面的一层具有鲜香浓郁的油脂，也称卤油。主要作用是在制作卤菜时，油脂与卤汤交融，促进呈香物质的溶出从而与卤制食材有机融合，丰富卤菜的滋味。封油是首次调制卤水过程中绝不可缺少的一个环节，随着卤制食材次数的增加，卤油逐渐富集，后期可不再制作封油。卤油厚度以3~5厘米为宜。

卤水封油最好采用混合油，即动物油脂和植物油脂的充分融合。因为纯动物油脂过于油腻，纯植物油脂缺乏滋润柔和的口感。动物油首选鸡油，其次猪油，或鸡油和猪油的混合油。植物油以菜籽油或花生油为宜，制作封油时，菜籽油需提前炼熟。

制作封油时，将鸡油和猪油切碎，加入菜籽油，再投入适量生姜、香葱白中小火加热，熬制成混合油，打去料渣静置待用。

六、葱油的制作

葱油具有葱香浓郁、去腥增香的作用。将花生油加热至六成热时，投入大量小葱、大葱以及洋葱炸香，然后改小火慢慢熬出香味，捞出料渣即可。

七、化鸡油的制作

化鸡油是用鸡腹内的脂肪经炼制或蒸制而成的油脂。常用的方法是：将鸡脂改成小块，投入沸水中焯一下，捞出沥干水分，净锅加入适量清水、葱节、生姜、香料（小茴香、香叶、胡椒、花椒各适量）投入鸡脂用中小火加热炼制，待油脂水分稍干时捞出料渣即可。

第三节　四川卤菜制作工艺流程

一、卤菜制作流程

卤菜制作主要包括卤水调制和卤菜烹制两部分：

1. 卤水调制流程

（1）熬制卤水基汤 → 调色 → 调香（投入香料）→ 调基础味 → 加入封油 → 过滤→ 烧沸静置

（2）熬制卤水基汤 → 调色 → 调基础味 → 调香（投入香料）→ 加入封油 → 过滤 → 烧沸静置

2. 卤菜烹制流程

食材初加工→ 烧沸卤水 → 调色 → 调味 → 调香（投入香料）→ 小火熬制（约30分钟）→ 投入食材 → 调味（补充和确认）→ 煮卤成熟 → 略焖（约15分钟）→ 捞出卤菜

说明：卤菜烹制流程不是一成不变的，可根据实际情况和烹饪工作者的经验灵活调整。这里的流程仅作参考，并不是卤菜制作流程准则。

二、卤菜制作

1. 将卤水基汤过滤后倒入卤锅中加热，沸后加入适量糖色调色，然后调基础味（也可先加入香辛料调香），再投入香辛料和封油小火熬约1小时，捞出香辛料装入香料包里待用。再次将卤水烧沸静置，即得新卤水，可卤制食材。

2. 制作卤菜时将卤水置火上烧沸，给卤水调色、调味、调香，改小火再熬30分钟后，投入已经初加工好的食材，再次补充调味至卤制食材成熟，略焖入味，捞出卤菜即可。

三、注意事宜

用新卤水烹制的前两次卤菜不宜出售，须待新卤水香味和滋味相对柔和、圆润时所卤制的食材才适合售卖。这是因为新卤水与老卤水相比，其香味和滋味都不够丰富，卤水的香味和滋味是一个积淀的过程，需要循序渐进地慢慢积累。新卤水只有经过多次卤制食材和更换香料，让各种呈味物质和呈香物质充分与卤水基汤融合，才能使卤汤达到滋味舒适、香味醇厚的基本要求，所烹制出来的卤菜才能满足鲜香可口、回味悠长、唇齿留香的风味特点。

第四节　四川卤菜制作要领

四川卤菜的烹制应根据卤制食材的品种、品质、数量、食材体积以及香辛料的质量等诸多因素而变化。主要表现为：

（1）食材需要卤制的时间较长，着色效果较好，用于调色的原料（如糖色）宜少一点；食材需要卤制的时间较短，着色效果不佳，用于调色的原料可适当多一些。

（2）根据卤菜口味和调香需要，选择相应的香辛料。如卤制鲜味充足的食材时，香料用量可适当减少，以突出食材本味。而卤制腥膻异味较重的食材时，香辛料用量应适当多一些，并以去腥压异、增香的香料为主。香辛料选用的品种和用量，应根据其品质和食客的口味要求酌情加减，避免出现香味过浓或过淡的现象。

（3）调香所用的香料应装入香料包里，香料包不宜扎得过紧，应略显宽松，便于包中香料的呈香物质能够充分散发。

（4）相同数量的卤制食材，体积大的相对比体积小的所用的调味料要多一些；相同食材不同的量所用的调味料用量也不相同，如一次性卤10千克食材，所用调味料绝不能按一次性卤1千克食材所用调味料的10倍来投放。

（5）不同地域，人们对卤菜风味的要求也不同；老卤水比新卤水所用香料、和调味料的量也要少一些。所以，卤菜烹制应根据实际情况，因时因势而制，使卤水的色、香、味相互融合为一个整体。

第六章

四川常用
卤水调制

四川卤水俗称川卤、川式卤水或川味卤水。按制作工艺可分为传统老卤、油卤、辣卤、现捞等；按口味可分为传统五香味、香辣味、麻辣味、藤椒味等；按色泽可分为红卤、白卤等。

第一节　传统五香红卤水的调制

红卤是指烹制卤菜时卤水中加入了着色物，成品色泽红亮，四川红卤主要使用糖色调色。配制时一般选用八角、肉桂、花椒、丁香、砂仁、肉豆蔻等香辛料，同时加入盐、糖、味精、糖色等，也可使用红曲、酱油等调色。因其香料品种和数量不同，风味各有特色，成品鲜香浓郁、回味悠长。

卤水配方（以卤制10千克食材为例）

香料配比　八角30克，肉桂50克，公丁香5克，小茴香25克，花椒50克，草果15克，砂仁20克，白芷15克，白豆蔻5克，山柰15克，胡椒10克，陈皮10克，干姜25克。

调味原料　卤水封油2千克，胡椒粉25克，生姜500克，冰糖100克，白糖50克，绍酒300克，鸡精80克，味精50克，盐、糖色、卤水基汤各适量。

调制流程　1. 将八角、肉桂、公丁香、小茴香、花椒、草果、砂仁、白芷、白豆蔻、山柰、胡椒、陈皮、干姜（注：八角、肉桂掰碎成小块，草果拍破去籽），投入清水里浸漂至全部回软，然后清洗干净，沥干水分，均匀装入两个香料包里待用。

2. 取一干净卤水锅（不锈钢桶），注入卤水基汤，投入香料包，加入生姜（洗净拍破）旺火烧沸，加入卤水封油，改小火保持汤面微沸至香气四溢（持续加热60分钟），加入糖色稍熬，调入盐、鸡精、味精、胡椒粉、冰糖、白糖，投入卤制食材、加入绍酒改中火烧沸，撇净浮沫，改小火至卤制食材刚熟，将卤水锅端离火口，待卤制食材浸泡入味（约15~30分钟）后，捞出卤制食材，新五香红卤水即调制完成。

注意事宜

1. 卤制食材时，卤锅底部建议放一干净竹箅，防止食材粘锅。
2. 卤水基汤应一次性加足，以熬制后还能够完全将卤制食材淹没为宜。
3. 盐的用量以调至卤水稍咸为宜，便于卤制食材入味。
4. 糖色用量以卤制食材淡淡着色为宜，卤水调色务必坚持"宁浅勿深"的基本原则，糖色用量灵活加减。

第二节　传统五香白卤水的调制

白卤用料与"红卤"基本一样，只是卤水中不使用任何着色物，成品保持食材的本色，口味咸鲜而香醇。

卤水配方（以卤制10千克食材为例）

香料配比　　八角25克，肉桂30克，公丁香5克，小茴香10克，花椒30克，草果10克，高良姜15克，白芷10克，白豆蔻5克，山柰15克，甘草10克，香叶5克。

调味原料　　卤水封油3千克，大葱节1千克，生姜片500克，冰糖50克，白糖50克，绍酒200克，鸡精80克，味精50克，胡椒粉30克，盐、基础汤各适量。

调制流程　　1. 将八角、肉桂、公丁香、小茴香、花椒、草果、高良姜、白芷、白豆蔻、山柰、甘草、香叶（注：八角、肉桂、白芷、高良姜分别掰碎成小块，草果拍破去籽），投入清水里浸漂至全部回软，然后清洗干净，沥干水分，均匀装入两个香料包里待用。

2. 炒锅洗净置中火上，加入卤水封油烧热，下大葱、生姜片炒香，掺入卤水基汤，投入香料包，旺火烧沸，转入卤水锅中，改小火保持汤面微沸至香气四溢（约持续加热60分钟），捞出大葱和生姜片，调入盐、鸡精、味精、胡椒粉、冰糖、白糖，投入卤制食材、加入绍酒改中火烧沸，撇净浮沫，改小火至卤制食材刚熟，将卤水锅端离火口，待卤制食材浸泡入味（15～30分钟）后，捞出卤制食材，即新五香白卤水调制完成。

注意事宜　1. 白卤水以咸鲜五香味为基础，不使用着色物。要求"口味清鲜，不可淡薄"，影响卤水色泽的香辛料宜少用或不用，香辛料的用量相对红卤应少些。

2. 卤制食材时，卤锅底部建议放一干净竹箅，防止食材粘锅。

3. 卤水基汤应一次性加足，以熬制后还能够完全将卤制食材淹没为宜。

4. 新白卤水（第一锅卤水）卤油应稍多一些，因为卤油少则卤水缺乏油脂香味，但后期随着卤制荤类食材的次数和数量的增多，卤油也会逐渐增多，应一边卤一边舀出一部分卤油，因为卤油过多会影响卤水散热，导致卤水发酸。盐的用量以调至卤水稍咸为宜，便于卤制食材入味。

第三节　四川辣卤的调制

辣卤又称辣味卤水，因其烹制时重用辣椒，突出辣椒特殊的风味。成品鲜香浓郁、香辣适口、独具特色。

卤水配方（以卤制10千克食材为例）

香料配比　八角150克，肉桂120克，公丁香15克，小茴香20克，花椒200克，草果15克，砂仁30克，白芷30克，白豆蔻10克，山柰20克，甘草20克，香叶20克，高良姜30克。

调味原料　卤水封油3千克，干辣椒1千克，生姜500克，冰糖100克，白糖50克，白酒50克，绍酒300克，鸡精80克，味精50克，胡椒粉30克，盐、糖色、卤水基汤各适量。

调制流程　1. 将八角、肉桂、公丁香、小茴香、花椒、草果、砂仁、白芷、白豆蔻、山柰、甘草、香叶、高良姜（注：八角、肉桂掰碎成小块，草果拍破去籽），投入清水里浸漂至全部回软，然后清洗干净，沥干水分，均匀装入两个香料包里待用。干辣椒剪成节去籽待用。

2. 炒锅洗净置中火，加入卤水封油烧热，下生姜（拍破）炒香，改小火投入干辣椒节炒香，加入白酒，掺入卤水基汤，投入香料包，旺火烧沸，调入糖色转入卤水锅中，改小火保持汤面微沸至香气四溢（约持续加热60分钟左右），捞出生姜，调入盐、鸡精、味精、胡椒粉、白糖、冰糖，投入卤制食材、加入绍酒改中火烧沸，撇净浮沫，改小火至卤制食材刚熟，将卤水锅端离火口，待卤制食材浸泡入味（15～30分钟）后，捞出卤制食材，即新辣味卤水调制完成。

注意事宜　1. 卤制食材时，卤锅底部建议放一干净竹箅，防止食材粘锅。

2. 辣味卤水的香辛料可以投入卤水封油中与干辣椒等一同炒香，掺入卤水基汤，熬至香气四溢后将辣椒与香料都装入香料包里，再投入卤水中卤制食材。

3. 卤水基汤应一次性掺足，以熬制后还能够完全将卤制食材淹没为宜。

第四节　现捞卤水的调制

现捞又称现卤，烹制时现配卤水现煮制食材，卤水仅使用一次，不保留。成品香味清鲜、味浓醇厚、风味独特。

卤水配方（以卤制10千克食材为例）

香料配比　八角20克，肉桂30克，公丁香10克，小茴香50克，草果15克，砂仁30克，白芷30克，白豆蔻5克，香茅草15克，甘草20克，香叶10克，甘松5克，草豆蔻10克，迷迭香10克，高良姜30克，陈皮20克。

调味原料　卤水封油3千克，干辣椒800克，花椒500克，生姜500克，冰糖100克，白糖50克，绍酒300克，白酒50克，鸡精80克，味精50克，胡椒粉30克，盐、糖色、卤水基汤各适量。

调制流程　1. 将八角、肉桂、公丁香、小茴香、草果、砂仁、白芷、白豆蔻、香茅草、甘草、香叶、甘松、草豆蔻、迷迭香、高良姜、陈皮（注：将香辛料混合打碎，黄豆大小即可），投入清水中浸漂至全部回软，然后捞出沥干水分，均匀装入两个香料包里待用。

2. 干辣椒剪成节去籽，用小火焙香待用。

3. 卤水锅中掺入卤水基汤，投入香料包和辣椒，旺火烧沸，加入白酒，改小火保持汤面微沸至香气四溢（约持续加热60分钟）。

4. 炒锅洗净置中火上，加入卤水封油烧热，改小火投入生姜（拍破）和花椒炒香。倒入卤水锅中，调入糖色稍熬后，再调入盐、鸡精、味精、胡椒粉、冰糖、白糖，投入卤制食材、加入绍酒改中火烧沸，撇净浮沫，改小火至卤制食材刚熟，将卤水锅端离火口，待卤制食材浸泡入味（15~30分钟）后，捞出卤制食材，即现捞卤水调制完成。

注意事宜　1. 现捞卤水讲究新鲜，每次均是现调卤水卤制食材，卤水不重复使用。所以，香辛料不仅品种较多，还需粉碎后使用，有利于香料呈香物质的散发。

2. 现捞卤水的花椒用量颇大，主要为了突出花椒的麻香，使现捞卤水风味更加明显，麻辣风味更加充足。

3. 卤水基汤应一次性掺足，以熬制后还能够完全将卤制食材全部淹没为宜。

4. 卤制食材时，卤锅底部建议放一干净竹箅，防止食材粘锅。

5. 花椒和辣椒可以根据实际情况，使用两次左右。

第五节　藤椒卤水的调制

　　藤椒卤水因烹制时重用藤椒而得名，成品独具藤椒风味、清鲜香麻、滋味醇厚。

卤水配方（以卤制10千克食材为例）

香料配比　八角50克，肉桂50克，公丁香10克，小茴香50克，草果10克，白芷30克，白豆蔻5克，香茅草10克，甘草20克，香叶10克。

调味原料　卤水封油2.5千克，干辣椒100克，藤椒500克，生姜500克，冰糖50克，白糖50克，白酒50克，绍酒300克，鸡精80克，味精50克，胡椒粉30克，盐、卤水基汤、藤椒油各适量。

调制流程　1. 将八角、肉桂、公丁香、小茴香、草果、白芷、白豆蔻、香茅草、甘草、香叶（注：八角、肉桂掰碎成小块，草果拍破去籽），投入清水里浸漂至全部回软，然后清洗干净，沥干水分，均匀装入香料包里待用。

2．卤水锅中掺入卤水基汤，投入香料包，旺火烧沸，改小火保持汤面微沸至香气四溢（持续加热60分钟左右）。

3．炒锅洗净置中火上，加入卤水封油烧热，下拍破的生姜炒香，改小火投入藤椒和辣椒（剪成节去籽）炒香，加入白酒略炒。倒入卤水锅中，调入盐、鸡精、味精、白糖、冰糖、胡椒粉，投入卤制食材、加入绍酒改中火烧沸，撇净浮沫，改小火至卤制食材刚熟，将卤水锅端离火口，待卤制食材浸泡（15～30分钟）入味后，加入适量藤椒油搅拌均匀，捞出卤制食材，即藤椒卤水调制完成。

注意事宜　1．藤椒卤水以咸鲜五香味为基础，重用藤椒，以满足风味要求需要。

2．卤水基汤应一次性掺足，以熬制后还能够完全将卤制食材全部淹没为宜。

3．卤制食材时，卤锅底部建议放一干净竹箅，防止食材粘锅。

4．本卤水为白卤藤椒卤水，也可加入糖色做成红卤藤椒卤水。

5．卤制品捞出后，须再加入适量藤椒油与之拌匀。

第六节　泡菜卤水的调制

　　泡菜卤水因烹制时加入大量的四川农家土坛泡菜，咸鲜五香味中带有浓郁的泡菜风味，同时夹杂着鲜小米椒的鲜辣，成品颇具特色。

卤水配方（以卤制10千克食材为例）

香料配比　八角100克，肉桂50克，公丁香15克，草果50克，白芷30克，香茅草20克，甘草20克，香叶30克，高良姜30克，陈皮20克，花椒100克。

调味原料 卤水封油5千克，泡青菜茎800克，泡酸萝卜1千克，泡红辣椒1千克，泡仔姜1.5千克，野山椒500克，鲜小米椒1千克，大蒜瓣500克，鸡精100克，味精60克，白糖150克，胡椒粉25克，糖色、卤水基汤、盐各适量。

调制流程 1. 将八角、肉桂、公丁香、草果、白芷、香茅草、甘草、香叶、高良姜、陈皮打成粉状，装入香料包里用清水浸泡透，捞出沥干水分待用。

2. 将泡青菜茎、泡酸萝卜、泡仔姜分别切成片，泡红辣椒和野山椒剁碎，鲜小米椒切成节，大蒜瓣略拍待用。

3. 炒锅置中火上，加入卤水封油烧热，下入泡青菜茎片、泡酸萝卜片、泡仔姜片、泡红辣椒碎、野山椒碎、鲜小米椒节（此处用一半）、大蒜瓣和花椒，用中小火炒至原料出味干香时，炒锅端离火口，焖制20分钟待用。

4. 卤水锅底部放入干净竹箅，加入卤水基汤，放入香料包、花椒和炒香的泡菜烧沸，改小火熬60分钟，至香味四溢时，调入糖色、鸡精、味精、白糖、胡椒粉，投入卤制食材和剩余的鲜小米椒节，改中火烧沸，撇净浮沫，改小火至卤制食材刚熟，将卤水锅端离火口，待卤制食材浸泡（约15分钟）入味后，捞出卤制食材，即泡菜卤水调制完成。

注意事宜 1. 所有泡菜宜选用农家土坛泡制出来的、风味纯正的原料。如泡菜过咸，可用清水适当浸泡，然后再炒制出香。

2. 调制泡菜卤水时，一定要事先考虑泡菜的咸味，然后酌情投放精盐。

3. 香料打成粉，有利于出味和减少用量，香料的用量也需随卤制食材的量和卤水的香味变化而灵活加减。

4. 泡菜卤制品既有泡菜和香料融合后的复合味，同时还伴有鲜小米椒的鲜辣风味。

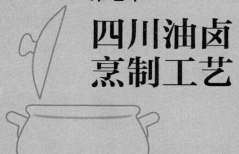

第七章

四川油卤
烹制工艺

油卤起源于川东达州地区，是四川特有的一种卤制方法，成品色泽亮丽、香味浓郁、麻辣味鲜。据说，油卤起源于重庆火锅，重庆老火锅汤仅有三成，油脂占了七成，原料多在油脂中烫熟，汤只起控制温度的作用。油卤巧妙地将辣椒的辣味和香辛料的呈香物质悉数与菜籽油融为一体，然后再将融合后的滋味渗入卤制原料中，故而油卤制品比一般的卤菜更香更辣，这也是油卤最大的亮点。

第一节　水油混合深层卤制法

油卤是川菜独有的卤制技法，了解油卤的烹饪工作者都知道，目前制作油卤的方法可分为两种。一种是先使用传统卤水（以水为传热介质）的方式将原料卤制成熟，然后再放到特制的香辣油里浸泡，让卤制原料吸收香辣油的香味与辣味。另一种是传统油卤的制作方式，来源于火锅"三分水七分油"的原理，即直接将原料投入调好味的卤锅里卤制成熟。

从"油卤"两个字的字面来理解，其意为：以油脂为传热介质把原料卤制成熟。我们都知道食用盐不容易溶解于油脂中，因为食用盐这种无机物在一般情况下，与油脂这种有机物分子是难以相互融合的，如果卤菜时全部以油脂为传热介质的话，既不易入味，而且很有可能变成油炸。所以，单就成菜效果来看，选择先水卤再用油脂浸泡的方法来制作油卤菜品，是合情合理的。推陈出新是烹调工作者孜孜不倦的追求，而笔者对油卤制作方法的探索与优化也从未停止过，"水油混合深层卤制法"也因此在琢磨中诞生，并在不断的实践中逐步完善。

水油混合深层卤制法的灵感来源于水油混合深层油炸工艺。所谓水油混合深层油炸工艺，是指在同一容器里加入水与油脂，这样相对密度较小的油则占据了容器的上半部分，而相对密度较大的水则占据了容器的下半部分，再把电热管水平安置在容器上半部分的油层中。加热油炸时，原料位于电热管油层的中上部分，油水界面处还设置了水平冷却器以及强制循环风机来对水进行冷却，使得油水分界处的温度较低。炸制食品时产生的食物残渣从上半部的高油温层里往下掉落，并积存于底部的低温水层中，同时残渣内所含有的油脂经过水层分离后又返回到油层中，而落入水里的残渣可以随水一起排出。在制作油卤菜品时，先把卤汤与香辣卤油按1：1的比例一起倒入不锈钢汤桶内，然后在卤汤与卤油的交汇处，用漏网水平分割开来再把卤制的原料放在漏网之上的香辣卤油中卤制成熟，这便是制作油卤的"水油混合深层卤制法"。经过反复实践，这种制法在油卤中的具体运用还要注意以下几个方面的问题。

第一，"油卤"理论上应该是让原料在整个卤制过程中或绝大部分时间内于油脂中完成。可目前厨师所掌握以油脂为传热介质的食品制作方法是油炸，因为在现实条件中无法做到油脂在长时间加热的情况下，既要保持恒温，还要保留食物原料应有的水分。水油混合深层卤制法改变了水油混合深层油炸工艺的加热位置，即利用电热管原在油层里加热转变成从卤汤层底部加热的方式，让卤汤沸腾起来，再间接（或直接）影响油层内香辣卤油的温度。由于没有直接给香辣卤油加热，而是通过卤汤受热后，再去影响浮在水上面香辣卤油的温度，所以香辣卤油也就保持着与卤汤相同的温度。这一点在经过多次红外测温后得到了肯定。用红外测温仪去测试上层的香辣卤油，其沸腾温度一般为103℃左右。这样在制作油卤菜品时，原料始终都是浸泡在香辣卤油中，通过加热卤汤使得卤油长时间保持恒温，并促使原料成熟。

第二，由于下层卤汤中含有相对较多的空气，在加热过程中，这些空气便会以气泡的形式沿着桶壁上升。当卤汤沸腾时，下层卤汤的温度与上层香辣卤油的温度基本一致，此时，水会汽化，产生大量的水蒸气，并以气泡的形式上升，直到上层香辣卤油里的水蒸气通过卤油层散发到空气当中，这也就是香辣卤油里会有咸、鲜、香等味道的原因。简单地说，当底层的卤汤沸腾后直接冲向上层的卤油中，会在卤油中相对停留一段时间，使卤汤里的咸、鲜、香等味道与香辣卤油及原料相融合，达到原料卤制入味的目的。

第三，用水油混合深层卤制法去烹制油卤菜肴时，对原料的选择和初加工提出了更高的要求。由于卤油中所含的基础味（咸味）是卤汤沸腾后冲入卤油中所带来的，而在卤制原料时，从卤油里渗透到原料里的咸味是有限的，所以在采用水油混合深层卤制法去制作油卤菜品时，应该选择体积较小且容易入味的原材料，大型原料则需适当改刀并精心腌制入味。这里的腌制入味就如同把原料放在卤汤里卤制的环节。需注意，一定要加工得大小一致，这样不仅有利于原料腌制入味，还有利于卤制时间和火候的掌握。

第四，采用水油混合深层卤制法卤制菜品时，其颜色建议以本色或浅色为宜，也就是说，在一般情况下不需要刻意添加着色物调色。卤好的原料刚从卤油里捞出来时，其色泽油亮、红艳诱人，但在与空气接触后就会慢慢变黑。这是因为油卤制品在香辣卤油中吸收了辣椒红色素。虽然这种红色素的色泽不会因酸碱度的变化而改变，在加热条件下也相对稳定。但在光照和氧气的条件下不怎么稳定，这也是油卤食品在捞出脱离香辣卤油后容易变黑的主要原因。在油卤时选择本色或浅色，则适度减少了菜品氧化变黑后带来的视觉冲突感。对于是否使用着色物来增色要根据实际情况来定。总之，对色泽的具体要求应该根据大众感官的需求而灵活掌控。

　　关于油卤的制作方法，无论是先水卤再用卤油浸泡，还是水油混合深层卤制，只要能做出具有川菜特色的菜肴，都值得去学习研究，并加以优化完善。

第二节　油卤烹制实例

油卤烹制Ⅰ（以卤制10千克食材为例）

香料配比　八角80克，肉桂70克，公丁香15克，小茴香50克，花椒300克，草果15克，砂仁30克，白芷30克，白豆蔻10克，山柰15克，甘草20克，香叶20克，高良姜20克，肉豆蔻10克，陈皮15克。

调味原料　菜籽油6千克，色拉油6千克，干辣椒1千克，大葱500克，老姜片500克，洋葱块1千克，冰糖100克，白糖50克，鸡精80克，味精50克，胡椒粉25克，盐、糖色、醪糟汁、白酒、卤水基汤各适量。

油卤香辣卤油制作　1. 将八角、肉桂、公丁香、小茴香、草果、砂仁、白芷、白豆蔻、山柰、甘草、香叶、高良姜、肉豆蔻、陈皮（注：八角、肉桂、高良姜、白芷掰碎成小块，草果拍破去籽），投入清水里浸漂至全部回软，然后清洗干净，沥干水分。干辣椒剪成节去籽待用，投入清水锅中煮透捞出，沥干水分剁成蓉。花椒清洗干净，沥干水分待用。

2. 炒锅洗净置中火上，注入色拉油和菜籽油烧热熟，待油温将至五成热时下大葱、生姜片、洋葱块炸干水分，捞出料渣。待油温降至三四成热时，投入辣椒蓉、香料，小火炒至香气四溢，原料水分略干、油红色亮时，投入花椒，加入适量醪糟汁和白酒炒匀关火。凉后静置24小时，过滤即得油卤专用香辣卤油。

油卤卤品制作 卤水桶中注入卤水基汤5千克，投入香料包（八角30克、肉桂20克、公丁香5克、小茴香20克、草果10克、白芷30克、白豆蔻10克、山奈15克、甘草15克、高良姜15克、陈皮10克），旺火烧沸，改小火保持汤面微沸至香气四溢（约持续加热60分钟左右），调入糖色、盐、鸡精、味精、白糖、冰糖、胡椒粉。注入香辣卤油10千克，烧沸后改小火熬20分钟，投入卤制食材中火烧沸，撇净浮沫，改小火至卤制食材刚熟，将卤水锅端离火口，待卤制食材在卤水中浸泡（10~30分钟）入味后，捞出卤制食材，即新油卤卤水调制完成。

注意事宜 1．制作香辣卤油通常选用植物油脂，不宜使用动物油脂，在投入姜、葱、辣椒蓉、香料等入锅时，宜慢慢投入，防止锅中热油溢出。

2．油卤卤水的香辣卤油含有辣椒红色素，在调色时着色物应少放。

3．制作油卤的食材通常选用小型食材，如鸡爪、鸡心、鸭爪、鸭舌、鸭心等为主，若选用大型食材，如牛肉、藕等食材需改刀成相应料形后再烹制。

油卤烹制Ⅱ（以卤制10千克食材为例）

香料配比 八角150克，肉桂100克，公丁香20克，荜拨30克，小茴香50克，草果40克，砂仁30克，白芷30克，白豆蔻10克，山奈35克，甘草20克，香叶50克，高良姜20克，肉豆蔻10克，陈皮20克，胡椒50克。

调味原料 菜籽油15千克，干辣椒1.5千克，花椒500克，大葱1千克，老姜片500克，洋葱块1千克，冰糖100克，白糖50克，鸡精80克，味精50克，胡椒粉25克，盐、糖色、醪糟汁、白酒、醪糟汁、红卤卤水各适量。

油卤香辣卤油制作

1. 将八角、肉桂、公丁香、荜拨、小茴香、草果（拍破去籽）、砂仁、白芷、白豆蔻、山奈、甘草、香叶、高良姜、肉豆蔻、陈皮、胡椒混合打磨成粗颗粒（黄豆大小），然后加入白酒和醪糟汁拌匀。干辣椒剪成节去籽待用，投入清水锅中煮透捞出，沥干水分剁成蓉。花椒清洗干净，沥干水分待用。

2. 炒锅制净置中火上，注入菜籽油烧热熟，待油温降至四五成热时下大葱、生姜片、洋葱块炸干水分，捞出料渣。待油温降至三四成热时，投入辣椒蓉小火炒至香气四溢，原料水分略干、锅中油脂红色亮时，投入花椒炒匀，再加入香料粉炒香，最后加入适量醪糟汁和白酒炒匀关火。凉后静置24小时，过滤即得油卤专用香辣卤油。

油卤卤品制作

1. 将红卤卤水置火上加热烧沸，调味后投入食材，卤至刚熟即捞出，沥干卤水待用。

2. 锅中注入香辣卤油10千克和1千克红卤卤水烧沸，投入已经卤至刚熟的卤品，调入糖色、盐、鸡精、味精、白糖、冰糖、胡椒粉搅拌均匀，至卤品入味上色时捞出，装入器皿中，并用锅中卤油浸泡15分钟，最后捞出沥干油卤汁装盘，即可食用。

注意事宜

1. 制作香辣卤油通常选用植物油脂，不宜使用动物油脂，在投入姜、葱、辣椒蓉、香料等入锅时，宜慢慢投入，防止锅中热油溢出。

2. 油卤卤水的香辣卤油含有辣椒红色素，在调色时着色物应少放。

3. 制作油卤的食材通常选用小型食材，如鸡爪、鸡心、鸭爪、鸭舌、鸭心等为主，若选用大型食材，如牛肉、藕等食材需改刀成相应料形后再烹制。

第八章

四川卤菜
烹制实例

第一节　红卤卤菜

一、四川卤牛肉

味　　型　　五香味。

卤制食材　　黄牛肉10千克。

卤水香料　　八角20克，肉桂25克，陈皮10克，小茴香10克，公丁香5克，草果15克，山柰10克，砂仁10克，白豆蔻5克，草豆蔻10克，高良姜15克，甘草10克，干辣椒节50克，干花椒20克。

调味原料　　老姜300克，胡椒粉20克，鸡精、味精、白糖、糖色、盐、卤水基汤、化鸡油、葱油各适量。

码味原料　　五香盐200克，绍酒300克，葱节500克，姜片300克，干花椒20克。

制作流程　　1．初加工

　　　　首先，将牛肉去除筋膜、清洗干净，改成约500克重的块，投入清水浸泡5小时左右（中途需换水3～5次）捞出，沥干水分。然后，将牛肉与码味原料拌匀腌制8小时，中途需上下翻动两次。最后，将牛肉投入清水锅中汆透，捞出，清洗后沥干水分待用。

　　2．烹制卤菜

　　（1）将八角、肉桂、高良姜掰成小块，草果去籽，砂仁、白豆蔻拍破。然后，将所有香料清洗干净捞出，用两个香料袋分装。老姜清洗干净拍破。

　　（2）取一卤水锅，底部放入洗净的竹箅，投入香料袋、老姜，注入卤水基汤、化鸡油和葱油，旺火烧沸，调入糖色，改用小火熬约60分钟至香气四溢时加入牛肉，调入盐、鸡精、味精、白糖、胡椒粉，中火烧沸，撇净浮沫，改用小火卤至牛肉熟透时，将卤水锅端移离火口，待牛肉在卤水中浸泡20分钟后，捞出，沥净卤水，卤牛肉即制作完成。

食用方法 将牛肉切成薄片，蘸香辣干味碟而食。

二、五香猪蹄

味　　型 五香味。

卤制食材 鲜猪蹄10千克。

卤水香料 八角25克，肉桂15克，小茴香10克，香茅草5克，公丁香5克，草果15克，山奈10克，砂仁10克，白豆蔻5克，肉豆蔻10克，高良姜15克，甘草10克，干花椒20克。

调味原料 老姜200克，胡椒粉20克，化鸡油300克，葱油300克，鸡精、味精、白糖、盐、糖色、卤水基汤各适量。

码味原料 五香盐200克，绍酒200克，葱节300克，姜片300克，干花椒20克。

制作流程 1．初加工

首先，将猪蹄去掉蹄角，用火枪燎尽残毛，刮洗干净。用清水浸泡5小时左右（中途换水两三次）捞出，沥干水分。然后，将五香盐擦透猪蹄表面，再放入姜片、葱节、花椒、绍酒拌匀，腌制5小时。最后，将猪蹄氽水捞出，清洗干净，沥干水分待用。

2．烹制卤菜

（1）将八角、肉桂、高良姜掰成小块，草果去籽，砂仁、白豆蔻拍破。然后，将所有香料清洗干净捞出，用两个香料袋分装。老姜清洗干净拍破。

（2）取一干净卤水桶，底部放入洗净的竹箅，放入香料袋，掺入卤水基汤。另锅将葱油和化鸡油加热至五成热，投入老姜炒香，倒入卤水桶中烧沸。调入糖色，用小火熬至香气四溢时投入猪蹄，调入盐、鸡精、味精、白糖、胡椒粉，中火烧沸，撇净浮沫，改小火卤至猪蹄成熟，将卤水桶端离火口，待猪蹄在卤水中浸泡半小时后捞出，即五香猪蹄制作完成。

食用方法　将猪蹄剁成块，蘸香辣干味碟而食；也可直接食用。

三、红卤猪耳

味　型　五香味。

卤制食材　鲜猪耳朵10千克。

卤水香料　八角30克，肉桂20克，白芷15克，小茴香10克，公丁香5克，草果10克，山柰10克，白豆蔻5克，高良姜15克，甘草10克，干花椒30克，砂仁15克，干辣椒50克。

调味原料　老姜300克，胡椒粉20克，化鸡油150克，葱油200克，鸡精、味精、糖色、白糖、盐、卤水基汤各适量。

码味原料　五香盐200克，绍酒200克，葱节500克，姜片300克，干花椒20克。

制作流程　1．初加工

首先，将猪耳去掉耳根肥肉，用火枪燎尽残毛，刮洗干净。用清水浸泡5小时左右（中途需换水两三次）捞出，沥干水分。然后，用码味原料与之拌匀，腌制5小时。最后，将猪耳氽水捞出，清洗干净，沥干水分待用。

2．烹制卤菜

（1）将八角、肉桂、高良姜、白芷掰成小块，草果去籽，砂仁、白豆蔻拍破。然后，将所有香料清洗干净捞出，用两个香料袋分装。老姜清洗干净拍破。

（2）取一干净卤水桶，底部放入洗净的竹箅，投入老姜、香料袋、化鸡油和葱油，掺入卤水基汤、调入糖色，用小火熬至香气四溢时投入猪耳，调入盐、鸡精、味精、白糖、胡椒粉，中火烧沸，撇净浮沫，改小火卤至猪耳成熟，将卤水桶端离火口，猪耳在卤水中浸泡30分钟后捞出，即卤猪耳制作完成。

食用方法 将猪耳切成薄片，蘸香辣干味碟或红油味碟而食。

四、红卤鹅翅

味　　型 五香味。

卤制食材 鹅中翅10千克。

卤水香料 八角50克，肉桂20克，小茴香5克，香茅草5克，公丁香5克，草果10克，山奈10克，砂仁15克，白芷15克，白豆蔻5克，香叶5克，陈皮15克，甘草10克，干花椒20克，干辣椒50克，胡椒20克。

调味原料 老姜300克，红花椒15克，胡椒粉20克，化鸡油200克，葱油300克，鸡精、味精、冰糖色、白糖、盐、卤水基汤各适量。

码味原料 五香盐200克，绍酒300克，葱节300克，姜片300克，洋葱块500克，干花椒20克。

制作流程　1．初加工

首先，将鹅翅用火枪燎尽残毛，清洗干净。用清水浸泡3小时左右（中途换水一次）捞出，沥干水分。然后，用码味原料拌匀，腌制5小时。最后，将鹅翅氽水捞出，清洗干净，沥干水分待用。

2．烹制卤菜

（1）将八角、肉桂掰成小块，草果去籽，砂仁、白豆蔻拍破。然后，将所有香料清洗干净捞出，用两个香料袋分装。老姜清洗干净拍破。

（2）取一干净卤水桶，底部放入洗净的竹箅，放入香料袋，掺入卤水基汤。另锅将化鸡油和葱油加热至五成热，投入老姜、花椒炒香，倒入卤水桶中烧沸。调入糖色，用小火熬至香气四溢时投入鹅翅，调入盐、鸡精、味精、胡椒粉、白糖，中火烧沸，撇净浮沫，改小火卤至鹅翅成熟，将卤水桶端离火口，鹅翅在卤水中浸泡20分钟后捞出，即卤鹅翅制作完成。

食用方法　直接食用；也可蘸香辣干味碟而食。

五、卤香肥肠

味　　型　五香味。

卤制食材　鲜猪大肠10千克。

卤水香料　八角30克，肉桂20克，白芷20克，小茴香10克，香茅草5克，公丁香5克，草果10克，山柰10克，砂仁15克，白豆蔻5克，香叶5克，高良姜10克，甘草10克，干花椒50克，胡椒30克。

调味原料　老姜300克，胡椒粉30克，葱油500克，鸡精、味精、冰糖色、白糖、盐、卤水基汤各适量。

码味原料 五香盐100克，绍酒300克，葱节500克，姜片300克，洋葱块500克，干花椒20克。

制作流程 1．初加工

　　首先，将猪大肠去掉肛门，加入适量的盐、醋、面粉，反复揉搓，冲洗并去除外部黏液，直到用手触摸不滑，将大肠由里向外翻出，摘净附在肠上的油脂、杂物，再加盐、醋和面粉，反复揉搓，清洗干净。然后，将码味原料与猪大肠拌匀，腌制2小时。最后，将猪大肠余水捞出，用流水冲1小时左右捞出，清洗干净，沥干水分待用。

2．烹制卤菜

　　（1）将八角、肉桂、高良姜掰成小块，草果去籽，砂仁、白豆蔻拍破。然后，将所有香料清洗干净捞出，用两个香料袋分装。老姜清洗干净拍破。

　　（2）取一干净卤水桶，底部放入洗净的竹箅，放入香料袋，掺入卤水基汤。另锅将葱油加热至五成热，投入老姜炒香，倒入卤水桶中烧沸。调入糖色，用小火熬至香气四溢时投入猪大肠，调入盐、鸡精、味精、胡椒粉、白糖，中火烧沸，撇净浮沫，改小火卤至猪大肠成熟，将卤水桶端离火口，猪大肠在卤水中浸泡10分钟后捞出，即卤肥肠制作完成。

食用方法 将卤肥肠改刀，蘸香辣干味碟而食。

第二节　白卤卤菜

一、夫妻肺片

　　四川名特熟食制品，具有色泽红亮、麻辣醇厚、鲜香诱人等特点。通常选用牛头皮、牛心、牛舌、牛肚以及牛肉为主料，先卤制成熟，然后改刀成薄片，最后配以红油、花椒面、酱油等调味料拌制成麻辣味而食用。

味　　型　麻辣味。

卤制食材　牛心、牛舌、牛头皮、牛肚、黄牛肉各2千克。

卤水香料　八角30克，肉桂20克，小茴香10克，多香果5克，公丁香5克，草果10克，砂仁20克，白芷15克，白豆蔻5克，肉豆蔻10克，高良姜15克，甘草10克，陈皮15克，干辣椒节30克，胡椒30克，花椒30克。

调味原料　老姜500克，洋葱块500克，大葱节500克，胡椒粉20克，化鸡油500克，葱油500克，鸡精、味精、白酒、白糖、盐、红油、花椒油、花椒面、复制酱油、熟芝麻、油酥花生、卤水基汤各适量。

码味原料　五香盐100克，绍酒500克，葱节500克，姜片300克，干花椒20克。

制作流程　1．初加工

（1）将牛心撕去筋膜；牛舌氽烫后刮去舌苔，切去舌根；牛肚去净杂质；牛头皮去净残毛；牛肉去除筋膜、清洗干净，改成约500克重的块。

（2）将以上原料分别投入清水浸泡5小时左右（中途需换水两三次）捞出，沥干水分。然后，用码味原料与其分别拌匀腌制5小时。最后，将原料分别投入清水锅中氽透，捞出，清洗后沥干水分待用。

2．烹制食材

（1）将八角、肉桂、高良姜掰成小块，草果去籽，砂仁、白豆蔻拍破。然后，将所有香料清洗干净捞出，用两个香料袋分装。老姜清洗干净拍破。

（2）取一卤水锅，底部放入洗净的竹箅，投入香料袋、老姜，注入卤水基汤、化鸡油和葱油、白酒，旺火烧沸，改用小火熬约60分钟至香气四溢时加入牛肉、牛心、牛舌、牛头皮、牛肚，调入盐、鸡精、味精、白糖、胡椒粉，中火烧沸，撇净浮沫，改用小火卤至食材熟透时，将卤水锅端离火口，待食材在卤水中浸泡20分钟后，捞出，沥净卤水待用。

3．拌制成菜

（1）将卤熟凉透的牛肉、牛心、牛舌、牛头皮、牛肚分别切成长5～7厘米，宽约3厘米，厚约0.2厘米的薄片。

（2）将牛肉、牛心、牛舌、牛头皮、牛肚片，加入适量味精、白糖、盐、红油、花椒油、花椒面、复制酱油、卤汁拌匀，撒入熟芝麻、油酥花生即可。

食用方法 　直接食用。

二、白卤土鸡

味　型 　五香味。

卤制食材 　土鸡5只。

卤水香料 　八角15克，肉桂20克，公丁香5克，白芷10克，白豆蔻5克，香叶5克，高良姜10克，甘草5克，干花椒20克，白胡椒15克。

调味原料 　老姜200克，胡椒粉20克，干花椒20克，化鸡油200克，葱油300克，鸡精、味精、白糖、盐、卤水基汤各适量。

码味原料 　五香盐200克，绍酒200克，葱节500克，姜片300克，干花椒20克。

制作流程 　1．初加工

首先，将鸡宰杀治净。用清水浸泡3小时左右（中途换水一次）捞出，沥干水分。然后，将码味原料与鸡拌匀，腌制5小时。最后，将鸡余水捞出，清洗干净，沥干水分待用。

2．烹制卤菜

（1）将八角、肉桂、白芷、高良姜掰成小块。然后，将所有香料清洗干净捞出，装入香料袋里。老姜清洗干净拍破。

（2）取一干净卤水桶，底部放入洗净的竹箅，放入香料袋，掺入卤水基汤。另锅将化鸡油和葱油加热至五成热，投入老姜、花椒炒香，倒入卤水桶中烧沸。用小火熬至香气四溢时投入土鸡，调入盐、鸡精、味精、白糖、胡椒粉，中火烧沸，撇净浮沫，改小火卤至土鸡成熟，将卤水桶端离火口，鸡在卤水中浸泡30分钟后捞出，即白卤鸡制作完成。

食用方法 将鸡斩成一字条装盘，蘸原卤水而食；也可蘸红油味碟或酸辣味碟而食。

三、白卤鸭翅

味　　型 五香味。

卤制食材 鸭翅10千克。

卤水香料 八角20克，肉桂25克，香茅草5克，白芷15克，多香果5克，公丁香5克，草果10克，山柰10克，白豆蔻5克，香叶5克，高良姜15克，甘草10克，干花椒20克，干辣椒30克，胡椒20克。

调味原料 老姜200克，胡椒粉20克，干花椒15克，化鸡油200克，葱油300克，鸡精、味精、白糖、盐、卤水基汤各适量。

码味原料 五香盐200克，绍酒300克，葱节500克，姜片300克，洋葱块500克，干花椒20克。

制作流程 1．初加工

　　首先，将鸭翅用火枪燎尽残毛，清洗干净。用清水浸泡3小时左右（中途换水一次）捞出，沥干水分。然后，将码味原料与鸭翅拌匀，腌制5小时。最后，将鸭翅氽水捞出，清洗干净，沥干水分待用。

2．烹制卤菜

　　（1）将八角、肉桂、白芷、高良姜掰成小块，草果去籽。然后，将所有香料清洗干净捞出，用两个香料袋分装。老姜清洗干净拍破。

　　（2）取一干净卤水桶，底部放入洗净的竹算，放入香料袋，掺入卤水基汤。另锅将化鸡油和葱油加热至五成热，投入老姜、花椒炒香，倒入卤水桶中烧沸。用小火熬至香气四溢时投入鸭翅，调入盐、鸡精、味精、胡椒粉、白糖，中火烧沸，撇净浮沫，改小火卤至鸭翅成熟，将卤水桶端离火口，鸭翅在卤水中浸泡15分钟后捞出，即卤鸭翅制作完成。

食用方法 直接食用。

四、白卤猪肚

味　　型 五香味。

卤制食材 鲜猪大肚10千克。

卤水香料 八角20克，肉桂10克，白芷20克，小茴香10克，香茅草5克，公丁香5克，草果10克，山奈10克，砂仁15克，白豆蔻5克，香叶5克，甘草10克，陈皮10克，胡椒20克。

调味原料 老姜200克，胡椒粉30克，干花椒20克，化鸡油200克，葱油300

克，鸡精、味精、白糖、盐、卤水基汤各适量。

码味原料　五香盐200克，绍酒300克，葱节500克，姜片300克，洋葱块500克，干花椒20克。

制作流程　1．初加工

　　首先，将猪肚去净油筋和污物，加盐和醋反复揉搓、清洗，直至猪肚变白。然后投入80℃热水中稍烫，捞出，刮去白膜和残余胃液，清洗干净待用。然后，将码味原料与猪肚拌匀，腌制2小时。最后，将猪肚汆水捞出，再用流水冲清洗干净，沥干水分待用。

　　2．烹制卤菜

　　（1）将八角、肉桂、白芷掰成小块，草果去籽。然后，将所有香料清洗干净捞出，用两个香料袋分装。老姜清洗干净拍破。

　　（2）取一干净卤水桶，底部放入洗净的竹箅，放入香料袋，掺入卤水基汤。另锅将葱油和化鸡油加热至五成热，投入老姜、花椒炒香，倒入卤水桶中烧沸。用小火熬至香气四溢时投入猪肚，调入盐、鸡精、味精、胡椒粉、白糖，中火烧沸，撇净浮沫，改小火卤至猪肚成熟，将卤水桶端离火口，猪肚在卤水中浸泡15分钟后捞出，即卤猪肚制作完成。

食用方法　将卤猪肚改刀成片，蘸原卤水而食。

五、白卤香鸭

味　　型　五香味。

卤制食材　嫩肥鸭10千克。

卤水香料 八角35克，肉桂20克，白芷20克，小茴香10克，公丁香5克，多香果5克，草果15克，山柰10克，砂仁10克，白豆蔻5克，肉豆蔻10克，高良姜20克，甘草10克，花椒30克，胡椒30克。

调味原料 老姜300克，胡椒粉20克，化鸡油100克，葱油1500克，鸡精、味精、白糖、盐、卤水基汤各适量。

码味原料 五香盐250克，绍酒300克，洋葱块500克，姜片300克，干花椒20克。

制作流程 1．初加工

　　首先，将鸭宰杀治净。用清水浸泡3小时左右（中途换水一次）捞出，沥干水分。然后，将码味原料擦匀肥鸭表面和鸭腹内部，腌制5小时。最后，将肥鸭余水捞出，清洗干净，沥干水分待用。

2．烹制卤菜

　　（1）将八角、肉桂、高良姜掰成小块，草果去籽，砂仁、白豆蔻拍破。然后，将所有香料清洗干净捞出，沥干水分。老姜清洗干净拍破。

　　（2）取一干净卤水桶，底部放入洗净的竹箅，掺入卤水基汤。另锅将葱油和化鸡油加热至五成热，投入老姜、香料炒香，倒入卤水桶中烧沸。用小火熬至香气四溢时，捞出香料分装于两个香料袋里，再投入卤水锅中，调入盐、鸡精、味精、胡椒粉、白糖，投入肥鸭，中火烧沸，撇净浮沫，改小火卤至鸭肉成熟，将卤水桶端离火口，待肥鸭在卤水中浸泡半小时后捞出，即白卤香鸭制作完成。

食用方法 将卤鸭斩成长5厘米，宽2厘米的一字条，整齐装盘即可。也可配制蘸水。

六、白卤凤爪

味　　型　　五香味。

卤制食材　　鸡爪5千克。

卤水香料　　八角20克，肉桂30克，白芷20克，小茴香20克，公丁香5克，草果20克，山奈10克，砂仁10克，白豆蔻5克，肉豆蔻10克，高良姜15克，甘草15克，干花椒50克，胡椒20克。

调味原料　　老姜300克，胡椒粉20克，化鸡油100克，葱油1.5千克，鸡精、味精、白糖、盐、卤水基汤各适量。

码味原料　　五香盐200克，绍酒300克，洋葱块500克，姜片300克，干花椒20克。

制作流程　　1．初加工

首先，将鸡爪治净。用清水浸泡3小时左右（中途换水一次）捞出，沥干水分。然后，将码味原料与鸡爪拌匀，腌制5小时。最后，将鸡爪余水捞出，清洗干净，沥干水分待用。

2．烹制卤菜

（1）将八角、肉桂、高良姜掰成小块，草果去籽，砂仁、白豆蔻拍破。然后，将所有香料清洗干净捞出，沥干水分，分装于两个香料袋里。老姜清洗干净拍破。

（2）取一干净卤水桶，底部放入洗净的竹箅，掺入卤水基汤，加入葱油和化鸡油，投入老姜、香料包大火烧沸。用小火熬至香气四溢时，调入盐、鸡精、味精、胡椒粉、白糖，投入鸡爪，中火烧沸，撇净浮沫，改小火卤至鸡爪成熟，将卤水桶端离火口，待鸡爪在卤水中浸泡15分钟后捞出，即白卤凤爪制作完成。

食用方法　　将鸡爪装盘即可。

第三节　辣卤卤菜

一、辣卤羊蹄

味　　型　香辣五香味。

卤制食材　鲜羊蹄10千克。

卤水香料　八角25克，肉桂15克，小茴香10克，香茅草5克，公丁香5克，草果15克，山柰10克，砂仁10克，白豆蔻5克，肉豆蔻10克，高良姜15克，甘草10克。

调味原料　干花椒500克，干辣椒1千克，老姜300克，胡椒粉20克，化鸡油200克，葱油1.5千克，鸡精、味精、冰糖色、白糖、盐、卤水基汤各适量。

码味原料　五香盐250克，绍酒500克，洋葱块1千克，姜片300克，干花椒20克。

制作流程　1．初加工

首先，将羊蹄去掉蹄角，用火枪烧至羊蹄表面起黑壳，投入温水中浸泡至软后刮洗干净。用清水浸泡5小时左右（中途换水两三次）捞出，沥干水分。然后，将五香盐擦透羊蹄表面，再放入姜片、洋葱块、花椒、绍酒拌匀，腌制5小时。最后，将羊蹄汆水捞出，清洗干净，沥干水分待用。

2．烹制卤菜

（1）将八角、肉桂、高良姜掰成小块，草果去籽，砂仁、白豆蔻拍破。然后，将所有香料清洗干净捞出，沥干水分。老姜清洗干净拍破待用。

（2）取一干净卤水桶，底部放入洗净的竹箅，掺入卤水基汤。另锅将葱油和化鸡油加热至五成热，投入干辣椒、花椒、老姜、香料炒香，倒入卤水桶中烧沸。调入糖色，用小火熬至香气四溢时投入羊蹄，调入盐、鸡精、味精、胡椒粉、白糖，中火烧沸，撇净浮沫，改小火卤至羊蹄成熟，将卤水桶端离火口，待羊蹄在卤水中浸泡半小时后捞出，即辣卤羊蹄制作完成。

食用方法 将羊蹄装盘，直接食用。

二、辣卤白鸭

味　　型 香辣五香味。

卤制食材 白鸭5只。

卤水香料 八角25克，肉桂15克，白芷20克，小茴香10克，多香果5克，香茅草5克，公丁香5克，草果15克，山柰10克，砂仁10克，白豆蔻5克，肉豆蔻10克，高良姜15克，甘草10克。

调味原料 老姜300克，干花椒500克，干辣椒1.5千克，胡椒粉20克，化鸡油100克，葱油1.5千克，鸡精、味精、冰糖色、白糖、盐、卤水基汤各适量。

码味原料 五香盐200克，绍酒300克，洋葱块500克，姜片300克，干花椒20克。

制作流程 1．初加工

首先，将鸭宰杀治净。用清水浸泡3小时左右（中途换水一次）捞出，沥干水分。然后，将码味原料与鸭拌匀，腌制5小时。最后，将鸭氽水捞出，清洗干净，沥干水分待用。

2．烹制卤菜

（1）将八角、肉桂、高良姜掰成小块，草果去籽，砂仁、白豆蔻拍破。然后，将所有香料清洗干净捞出，沥干水分。老姜清洗干净拍破。

（2）取一干净卤水桶，底部放入洗净的竹箅，掺入卤水基汤。另锅将葱油和化鸡油加热至五成热，投入老姜、干辣椒、花椒、香料炒香，倒入卤水桶中烧沸。调入糖色，用小火熬至香气四溢时投入白鸭，调入盐、鸡精、味精、胡椒粉、白糖，中火烧沸，撇净浮沫，改小火卤至鸭肉成熟，将卤水桶端离火口，待白鸭在卤水中浸泡半小时后捞出，即辣卤白鸭制作完成。

食用方法　将卤鸭斩成一字条装盘即可。

三、辣卤鸭脖

味　　型　香辣五香味。

卤制食材　鸭脖10千克。

卤水香料　八角35克，肉桂30克，白芷20克，小茴香10克，香茅草5克，公丁香5克，多香果5克，草果15克，山柰10克，砂仁15克，白豆蔻5克，肉豆蔻10克，高良姜20克，甘草10克。

调味原料　干辣椒1千克，干花椒300克，老姜350克，胡椒粉20克，化鸡油100克，葱油1.5千克，鸡精、味精、冰糖色、白糖、盐、卤水基汤各适量。

码味原料　五香盐200克，绍酒300克，洋葱块500克，姜片300克，干花椒20克。

制作流程 1．初加工

首先，将鸭脖治净。用清水浸泡3小时左右（中途换水一次）捞出，沥干水分。然后，将码味原料与鸭脖拌匀，腌制5小时。最后，将鸭脖余水捞出，清洗干净，沥干水分待用。

2．烹制卤菜

（1）将八角、肉桂、高良姜、白芷掰成小块，草果去籽，砂仁、白豆蔻拍破。然后，将所有香料清洗干净捞出，沥干水分。老姜清洗干净拍破。

（2）取一干净卤水桶，底部放入洗净的竹箅，掺入卤水基汤。另锅将葱油和化鸡油加热至五成热，投入老姜、干辣椒、花椒、香料炒香，倒入卤水桶中烧沸。调入糖色，用小火熬至香气四溢时投入鸭脖，调入盐、鸡精、味精、白糖、胡椒粉，中火烧沸，撇净浮沫，改小火卤至鸭脖成熟，将卤水桶端离火口，待鸭脖在卤水中浸泡半小时后捞出，即辣卤鸭脖制作完成。

食用方法 将鸭脖剁成长3厘米的节，装盘即可。

四、辣卤鹌鹑

味　型 香辣五香味。

卤制食材 鹌鹑12千克。

卤水香料 八角20克，肉桂30克，白芷20克，小茴香10克，白豆蔻5克，公丁香5克，草果15克，山奈10克，砂仁10克，草豆蔻10克，高良姜15克，香叶5克，甘草10克，胡椒20克。

调味原料 熟菜籽油3千克，老姜300克，干花椒500克，干辣椒1.5千克，胡椒粉20克，化鸡油100克，葱油1.5千克，鸡精、味精、冰糖色、白糖、盐、卤水基汤各适量。

五香盐150克，绍酒300克，洋葱块500克，姜片300克，干花椒20克。

制作流程 1．初加工

首先，将鹌鹑宰杀治净。用清水浸泡3小时左右（中途换水一次）捞出，沥干水分。然后，将码味原料与鹌鹑拌匀，腌制5小时。最后，将鹌鹑余水捞出，清洗干净，沥干水分待用。

2．烹制卤菜

（1）将八角、肉桂、高良姜掰成小块，草果去籽，砂仁、白豆蔻拍破。然后，将所有香料清洗干净捞出，沥干水分。老姜清洗干净拍破。

（2）取一干净卤水桶，底部放入洗净的竹箅，掺入卤水基汤。另锅将葱油和化鸡油加热至五成热，投入老姜、干辣椒、花椒、香料炒香，倒入卤水桶中烧沸。调入糖色，用小火熬至香气四溢时投入鹌鹑，调入盐、鸡精、味精、胡椒粉、白糖，中火烧沸，撇净浮沫，改小火卤至鹌鹑成熟，将卤水桶端离火口，待鹌鹑在卤水中浸泡15分钟后捞出，沥干卤水待用。

（3）净锅置火上，注入熟菜籽油烧至六成热，投入鹌鹑炸至表皮酥香时，捞出即可。

食用方法 装盘配香辣干味碟食用。

五、辣卤鹅肠

味　　型 香辣五香味。

卤制食材 鹅肠3千克。

卤水香料 八角30克，肉桂10克，白芷20克，小茴香10克，草果20克，山柰5克，砂仁10克，草豆蔻10克，高良姜25克，香叶5克，白豆蔻5克，公丁香5克，甘草10克，胡椒30克。

调味原料 老姜300克，干花椒500克，干辣椒1.5千克，胡椒粉20克，化鸡油100克，葱油1.5千克，鸡精、味精、冰糖色、白糖、盐、卤水基汤各适量。

码味原料 五香盐100克，绍酒200克，洋葱块500克，姜片300克，干花椒20克。

制作流程 1. 初加工

首先，将鹅肠去净油筋，加盐和醋反复揉搓、清洗干净，切成25厘米的节待用。然后，将码味原料与鹅肠拌匀，腌制15分钟，清洗干净。再将鹅肠放入保鲜盒中，注入清水（以淹没鹅肠为宜），加入少许冰块，入冰箱冷藏20~30分钟，捞出沥干水分。最后，将鹅肠投入沸水锅中飞水捞出，投入冰水中清洗干净，捞出沥干水分待用。

2. 烹制卤菜

（1）将八角、肉桂、高良姜掰成小块，草果去籽，砂仁、白豆蔻拍破。然后，将所有香料清洗干净捞出，沥干水分。老姜清洗干净拍破。

（2）取一干净卤水桶，底部放入洗净的竹箅，掺入卤水基汤。另锅将葱油和化鸡油加热至五成热，投入老姜、干辣椒、花椒、香料炒香，倒入卤水桶中烧沸。改小火熬至香气四溢时，捞出香料分装于两个香料袋里，再投入卤水锅中，调入糖色、盐、鸡精、味精、胡椒粉、白糖，中火烧沸，撇净浮沫，投入鹅肠卤制刚熟捞出即可。

食用方法 装盘直接食用或加入少许红油、花椒油以及葱花拌匀食用。

第四节　油卤卤菜

一、油卤鸡爪

味　　型　香辣五香味。

卤制食材　长杆鸡爪5千克。

卤油香料　八角50克，肉桂30克，白芷30克，小茴香20克，香茅草15克，公丁香15克，草果30克，山柰20克，砂仁30克，白豆蔻10克，肉豆蔻10克，高良姜35克，甘草15克，干红辣椒2千克，干花椒500克。

调味原料　老姜300克，胡椒粉20克，菜籽油15千克，洋葱块500克，大葱节500克，鸡精、味精、白糖、盐、糖色、白酒、红卤卤水各适量。

码味原料　五香盐100克，绍酒300克，葱节500克，姜片300克，干花椒20克。

制作流程　1. 初加工

　　首先，将鸡爪治净。用清水浸泡3小时左右（中途换水一次）捞出，沥干水分。然后，将码味原料与鸡爪拌匀，腌制5小时。最后，将鸡爪汆水捞出，清洗干净，沥干水分待用。

2. 卤油制作

　　（1）将干辣椒煮透捞出，剁成蓉。花椒清洗干净沥水待用；将八角、肉桂、高良姜、白芷掰成小块，草果去籽，砂仁、白豆蔻拍破。然后，将所有香料清洗干净捞出，沥干水分。老姜清洗干净切片。

　　（2）炒锅注入菜籽油烧熟，待油温降至四成热时，投入姜片、洋葱块、大葱节、辣椒蓉、香料，小火炒至锅中原料水分快干、香气四溢时投入花椒、白酒炒匀关火，浸泡12小时后捞出料渣即得油卤卤油。

3．烹制卤菜

（1）将鸡爪投入红卤卤水中调味卤熟捞出待用。

（2）取一卤水桶，底部放入洗净的竹箅，注入红卤水2千克，卤油10千克烧沸关火。投入卤熟的鸡爪，调入糖色、盐、鸡精、味精、白糖，搅拌均匀，将卤水桶端离火口，待鸡爪在卤水中浸泡20分钟后捞出，即油卤鸡爪制作完成。

食用方法 将鸡爪装盘即可。

二、油卤鸭舌

味　　型 香辣五香味。

卤制食材 鲜鸭舌5千克。

卤油香料 八角20克，肉桂30克，白芷30克，小茴香20克，香茅草10克，公丁香10克，多香果5克，草果30克，陈皮15克，山奈20克，砂仁30克，白豆蔻10克，肉豆蔻10克，高良姜35克，甘草15克。

调味原料 干辣椒3千克，干花椒500克，老姜500克，葱节1千克，洋葱块1千克，菜籽油20千克，胡椒粉20克，红卤卤水3千克，鸡精、味精、冰糖色、白糖、白酒、盐各适量。

码味原料 五香盐100克，绍酒500克，葱节500克，姜片300克，干花椒20克。

制作流程 1．初加工

首先，将鸭舌治净。用清水浸泡3小时左右（中途换水一次）

捞出，沥干水分。然后，将码味原料与鸭舌拌匀，腌制2小时。最后，将鸭舌余水捞出，清洗干净，沥干水分待用。

2. 卤油制作

（1）将花椒洗净沥水；干辣椒煮透捞出，剁成蓉。将八角、肉桂、高良姜、白芷瓣成小块，草果去籽，白豆蔻拍破。然后，将所有香料清洗干净捞出，沥干水分。老姜清洗干净切片。

（2）炒锅注入菜籽油烧熟，待油温降至四成热时，投入姜片、洋葱块、大葱节、辣椒蓉、香料，小火炒至锅中原料水分快干、香气四溢时投入花椒、白酒，炒匀关火，浸泡12小时后捞出料渣即得油卤卤油。

3. 烹制卤菜

取一卤水桶，底部放入洗净的竹箅，注入红卤水3千克、卤油10千克，烧沸关火。投入鸭舌，调入糖色、盐、鸡精、味精、白糖、胡椒面，搅拌均匀，煮至鸭舌熟时，将卤水桶端离火口，待鸭舌在卤水中浸泡20分钟后捞出，油卤鸭舌即制作完成。

食用方法 将鸭舌装盘即可。

三、油卤牛肉

味　　型 香辣五香味。

卤制食材 鲜精牛肉10千克。

卤水香料 八角30克，肉桂25克，小茴香10克，公丁香5克，草果15克，山奈10克，砂仁10克，白豆蔻5克，草豆蔻10克，高良姜15克，甘草10克，干辣椒节50克，干花椒20克，陈皮15克。

卤油香料 八角50克，肉桂30克，白芷30克，小茴香20克，香茅草15克，公丁香10克，多香果5克，草果30克，山奈20克，砂仁30克，白豆蔻10克，肉豆蔻15克，高良姜25克，甘草15克，干辣椒2千克，干花椒500克。

调味原料 老姜500克，洋葱块500克，大葱节500克，胡椒粉20克，菜籽油15千克，葱油300克，鸡精、味精、冰糖色、白糖、白酒、盐、卤水基汤各适量。

码味原料 五香盐200克，绍酒500克，葱节500克，姜片300克，干花椒20克。

制作流程 1．卤油制作

（1）将干辣椒煮透捞出，剁成蓉。将花椒清洗干净捞出沥干；八角、肉桂、高良姜、白芷掰成小块，草果去籽，白豆蔻拍破。然后，将所有香料清洗干净捞出，沥干水分。老姜清洗干净切片。

（2）炒锅注入菜籽油烧熟，待油温降至四成热时，投入老姜片、洋葱块、大葱节、辣椒蓉、香料，小火炒至锅中原料水分快干、香气四溢时投入花椒和白酒炒匀关火，浸泡12小时后捞出料渣即得油卤卤油。

2．初加工

首先，将牛肉去除筋膜、清洗干净，改成约500克重的块，投入清水浸泡5小时左右（中途需换水3～5次）捞出，沥干水分。然后，将牛肉与码味原料拌匀，腌制8小时，中途需上下翻动两次。最后，将牛肉投入清水锅中氽透，捞出，清洗后沥干水分待用。

3．烹制卤菜

（1）将八角、肉桂、高良姜掰成小块，草果去籽，白豆蔻拍破。然后，将所有香料清洗干净捞出，用两个香料袋分装。老姜清洗干净拍破。

（2）取一卤水桶，底部放入洗净的竹箅，投入香料袋、老姜，注入卤水基汤和葱油，旺火烧沸，调入糖色，改用小火熬至香气四溢时放入牛肉，调入盐、鸡精、味精、白糖、胡椒粉，中火烧沸，撇净浮沫，改用小火卤至牛肉熟透时，将卤水桶端离火口，待牛肉在卤水中浸泡30分钟后，捞出，沥净卤水。

（3）将牛肉切成筷子条，投入六成热油中，炸至紧皮捞出装入容器中，注入卤油将牛肉条全部淹没，调入适量盐、鸡精、味精、白糖拌匀，浸泡1小时捞出即可。

食用方法 将牛肉条装盘即可。

四、油卤鸡胗

味　　型 香辣五香味。

卤制食材 鸡胗5千克。

卤水香料 肉桂25克，八角20克，小茴香10克，陈皮15克，胡椒20克，公丁香5克，草果15克，山柰10克，砂仁10克，白豆蔻5克，草豆蔻5克，高良姜15克，甘草10克，干辣椒节50克，干花椒20克。

卤油香料 八角80克，肉桂30克，白芷20克，小茴香20克，香茅草15克，公丁香15克，草果30克，山柰20克，砂仁20克，白豆蔻10克，肉豆蔻15克，高良姜25克，甘草15克，干辣椒2千克，干花椒500克。

调味原料 老姜500克，洋葱块500克，大葱节500克，胡椒粉20克，菜籽油15千克，葱油500克，鸡精、味精、冰糖色、白糖、白酒、盐、卤水基汤各适量。

码味原料 五香盐100克，绍酒500克，葱节500克，姜片300克，干花椒20克。

制作流程 1．卤油制作

（1）将干辣椒煮透捞出，剁成蓉。将花椒清洗干净捞出沥干；

八角、肉桂、高良姜、白芷掰成小块，草果去籽，白豆蔻拍破。然后，将所有香料清洗干净捞出，沥干水分。老姜清洗干净切片。

（2）炒锅注入菜籽油烧熟，待油温降至四成热时，投入老姜片、洋葱块、大葱节、辣椒蓉、香料，小火炒至锅中原料水分快干、香气四溢时投入花椒和白酒炒匀关火，浸泡12小时后捞出料渣即得油卤卤油。

2．初加工

首先，将鸡胗清洗干净，投入清水浸泡3小时左右（中途需换水2～3次）捞出，沥干水分。然后，将鸡胗与码味原料拌匀腌制3小时，中途需上下翻动两次。最后，将鸡胗投入清水锅中汆透，捞出，清洗后沥干水分待用。

3．烹制卤菜

（1）将八角、肉桂、高良姜掰成小块，草果去籽，白豆蔻拍破。然后将所有香料清洗干净捞出，用两个香料袋分装。老姜清洗干净拍破。

（2）取一卤水桶，底部放入洗净的竹箅，投入香料袋、老姜，注入卤水基汤和葱油，旺火烧沸，调入糖色，改用小火熬至香气四溢时放入鸡胗，调入盐、鸡精、味精、白糖、胡椒粉，中火烧沸，撇净浮沫，改用小火卤至鸡胗熟透时，将卤水桶端离火口，待鸡胗在卤水中浸泡10分钟后，捞出，沥净卤水。

（3）将鸡胗切成片，装入容器中，注入卤油将鸡胗片全部淹没，调入适量盐、鸡精、味精、白糖拌匀，浸泡30分钟捞出即可。

食用方法　整盘直接食用。

五、油卤牛大肚

味　　型　香辣五香味。

卤制食材 牛大肚5千克。

卤水香料 八角20克，肉桂25克，小茴香10克，公丁香10克，草果15克，胡椒30克，山柰10克，砂仁20克，白芷15克，白豆蔻5克，肉豆蔻10克，高良姜15克，甘草10克，陈皮15克，干辣椒节50克，干花椒50克。

卤油香料 八角50克，肉桂50克，白芷30克，白豆蔻10克，肉豆蔻15克，草豆蔻15克，小茴香10克，香茅草15克，公丁香5克，草果20克，山柰20克，砂仁30克，高良姜30克，甘草25克，干辣椒2千克，干花椒500克。

调味原料 老姜500克，洋葱块500克，大葱节500克，胡椒粉20克，菜籽油15千克，葱油500克，鸡精、味精、冰糖色、白糖、白酒、盐、卤水基汤各适量。

码味原料 五香盐100克，绍酒500克，葱节500克，姜片300克，干花椒20克。

制作流程 1．卤油制作

（1）将干辣椒煮透捞出，剁成蓉。将花椒清洗干净捞出沥干；草果去籽与其他香料混合打磨成粉状，老姜清洗干净切片。

（2）炒锅注入菜籽油烧熟，待油温降至三四成热时，投入老姜片、洋葱块、大葱节、辣椒蓉，小火炒至锅中原料水分快干、香气四溢时投入花椒炒匀，然后投入香料粉、喷入白酒炒匀关火，浸泡12小时后捞出料渣即得油卤卤油。

2．初加工

首先，将牛大肚去除筋膜、清洗干净，改成小块，投入清水浸泡5小时左右（中途需换水3~5次）捞出，沥干水分。然后，将牛大肚与码味原料拌匀腌制5小时，中途需上下翻动两次。最后，将牛大肚投入清水锅中氽透，捞出，清洗后沥干水分待用。

3．烹制卤菜

（1）将八角、肉桂、高良姜掰成小块，草果去籽，白豆蔻拍破。然后，将所有香料清洗干净捞出，用两个香料袋分装。老姜清洗干净拍破。

（2）取一卤水桶，底部放入洗净的竹箅，投入香料袋、老姜，注入卤水基汤和葱油，旺火烧沸，调入糖色，改用小火熬至香气四溢时放入牛大肚，调入盐、鸡精、味精、白糖、胡椒粉，中火烧沸，撇净浮沫，改用小火卤至牛大肚熟透时，将卤水桶端离火口，待牛大肚在卤水中浸泡30分钟后，捞出，沥净卤水。

（3）将牛大肚切成片，装入容器中，注入卤油将牛大肚片全部淹没，调入适量盐、鸡精、味精、白糖拌匀，浸泡30分钟捞出即可。

食用方法　装盘直接食用。

第九章

四川卤菜
感官品评与安全管控

第一节 四川卤菜感官品评

人类的感官器官自古以来都被用来评估食品的质量。任何食品都有一定的特征，如形态、色泽、气味、口味、组织结构、质地、口感等。每一种特征，都可以通过刺激人的某一感觉器官，引起兴奋，经神经传导反映到大脑皮层的神经中枢，从而产生感觉。一种特征即产生一种或几种感觉，而感觉的综合就形成了人对这一食品的认识和评价。

食品感官评价就是根据人的感觉器官对食品的各种质量特征的感觉（如视觉、味觉、嗅觉、听觉等）进行评价；并用语言、文字、符号或数据进行记录，再运用统计学的方法进行统计分析，从而得出结论，对食品的色、香、味、形、质地、口感等各项指标做出评价的方法。主要包括以下五部分内容。

（1）外观（眼睛所观察到的颜色、大小和形状、表面质地、透明度、充气等情况）。

（2）香气（鼻子所嗅到的气味，食物的气味称为香气）。

（3）均匀性和质地（主要用嘴来获得，但不是味觉，包括黏稠性、均匀性、质地，如液体、半固体和固体；也可用手感受，如食物的软硬度）。

（4）风味（由鼻腔所产生的嗅觉，主要是指香气；口腔所产生的味觉，主要咸、甜、酸、辣、苦等味道的综合感官印象）。

（5）声音（耳朵所感受到的食品硬度、脆性等，如咀嚼薯片、锅巴、饼干时听到的声音）。

四川卤菜感官品评就是使用食品感官评价技术和方法，通过我们的视觉、味觉、嗅觉等感觉器官辨别和分析四川卤菜的色泽、香气、滋味、形态和口感等特性。最简单的做法就是，选择专业人员和消费者各10名为感官评分员，为减小主观误差，卤菜样品采用随机编号和摆放。品评采用星级制，对四川卤菜的具体品种颜色、滋味、香气、口感4个指标进行综合评价。感官品评参考标准详情见各表。

四川卤菜（红卤）感官评价参考表

评价指标	评价标准	评价星级
颜色	外观均匀、呈酱红、红褐色或金黄色，有光泽无色差	★★★★★
	外观颜色较好，较有光泽，无色差	★★★★
	外观颜色一般，光泽度较弱，微有色差	★★★
	外观色泽较深或较浅，光泽度较差，有色差	★★
	外观色泽很深或很浅，无光泽，色差明显	★
滋味	咸淡适中，咸鲜味舒适	★★★★★
	咸淡较适中，咸鲜味略为舒适	★★★★
	咸淡尚可，咸鲜味可以接受	★★★
	有点咸或淡，咸鲜味勉强接受	★★
	过咸或过淡，咸鲜味难以接受	★
香气	香气浓郁，舒适纯正，具有四川卤菜特有的五香风味	★★★★★
	有香气，纯正适中，具有四川卤菜特有的五香风味	★★★★
	香气略淡或略浓，纯正尚可，略有四川卤菜特有的五香风味	★★★
	香气过浓或过淡，四川卤菜特有的五香风味不纯正	★★
	无香气，无四川卤菜特有的五香风味	★
口感	酥软爽口，无明显粗糙感，无异味附着	★★★★★
	较酥软适中，无明显粗糙感，无异味附着	★★★★
	酥软度尚可，略有粗糙感，略有异味附着	★★★
	质地过硬或过软，有（或无）粗糙感，有异味附着	★★
	质地过硬或过软，有（或无）粗糙感，异味明显	★

注：本参考标准是以卤猪脸肉为例，不代表其他食材所烹制的卤菜。

四川卤菜（白卤）感官评价参考表

评价指标	评价标准	评价星级
颜色	色泽洁白，具有光泽，切面白净，无色斑	★★★★★
	色泽较白，较有光泽，切面白净，无色斑	★★★★
	色泽一般，光泽较弱，切面略有异色，无色斑	★★★
	色泽偏暗，光泽度不好，切面有色斑	★★
	颜色发黑，无光泽，有明显色斑	★

评价指标	评价标准	评价星级
滋味	咸淡适中，咸鲜味舒适	★★★★★
	咸淡较适中，咸鲜味略为舒适	★★★★
	咸淡尚可，咸鲜味可以接受	★★★
	有点咸或淡，咸鲜味勉强接受	★★
	过咸或过淡，咸鲜味难以接受	★
香气	香气浓郁，舒适纯正，具有四川卤菜特有的五香风味	★★★★★
	有香气，纯正适中，具有四川卤菜特有的五香风味	★★★★
	香气略淡或略浓，纯正尚可，略有四川卤菜特有的五香风味	★★★
	香气过浓或过淡，四川卤菜特有的五香风味不纯正	★★
	无香气，无四川卤菜特有的五香风味	★
口感	酥软爽口，无明显粗糙感，无异味附着	★★★★★
	较酥软适中，无明显粗糙感，无异味附着	★★★★
	酥软度尚可，略有粗糙感，略有异味附着	★★★
	质地过硬或过软，有（或无）粗糙感，有异味附着	★★
	质地过硬或过软，有（或无）粗糙感，异味明显	★

注：本参考标准是以卤土鸡（非乌鸡或黑鸡）为例，不代表其他食材所烹制的卤菜。

四川卤菜（辣卤）感官评价参考表

评价指标	评价标准	评价星级
颜色	外观呈酱红或棕红色，具有光泽，无色差	★★★★★
	外观颜色较好，较有光泽，无色差	★★★★
	外观颜色一般，光泽度较弱，微有色差	★★★
	外观色泽较深或较浅，光泽度不佳，有色差	★★
	外观色泽很深或很浅，无光泽，色差明显	★
滋味	咸淡适中，香辣咸鲜味舒适，无燥辣感	★★★★★
	咸淡较适中，香辣咸鲜味较好，无燥辣感	★★★★
	咸淡尚可，辣味略重，可以接受	★★★
	有点咸或淡，辣味偏重，勉强接受	★★
	过咸或过淡，辣味过重，难以接受	★

续表

评价指标	评价标准	评价星级
香气	香气浓郁，舒适纯正，具有四川辣卤特有的五香风味	★★★★★
	有香气，纯正适中，具有四川辣卤特有的五香风味	★★★★
	香气略淡或略浓，纯正尚可，略有四川辣卤特有的五香风味	★★★
	香气过浓或过淡，四川辣卤特有的五香风味不纯正	★★
	无香气，无四川辣卤特有的五香风味	★
口感	酥软爽口，无明显粗糙感，无异味附着	★★★★★
	较酥软适中，无明显粗糙感，无异味附着	★★★★
	酥软度尚可，略有粗糙感，略有异味附着	★★★
	质地过硬或过软，有（或无）粗糙感，有异味附着	★★
	质地过硬或过软，有（或无）粗糙感，异味明显	★

注：本参考标准是以辣卤鸭脖为例，不代表其他食材所烹制的卤菜。

第二节　卤菜安全管控

卤菜是我国传统菜肴，以其味道鲜美、滋味丰富、方便快捷、品种繁多等特点成为千家万户餐桌上常见的菜肴，尤其在夏季更是得到大众的青睐。卤菜一般都是热烹冷食且直接入口食用的菜肴，也是造成细菌性食物中毒的主要原因之一，其卫生质量直接关系到广大消费者的食用安全。一旦发生卤菜质量安全事件，就会对消费者的身体和合法权益构成威胁。为从根源上控制卤菜质量安全，应重视食材安全和卤菜安全两大环节，进而提高卤菜质量安全系数。

一、食材安全

食材安全是卤菜安全的前提条件，卤菜从农田到餐桌的过程中可能会受到各种有害物质的污染，从而造成食材安全隐患。首先，来自工业的"三废"对生态环境带来的危害和影响，导致食材受到不同方式、不同程度的污染。其次，来自种植或饲养过程中不科学使用农药和兽药，在经济利益的驱使下、违反国家相关规定滥用磺胺类和各种抗生素药物，尤其在饲养后期、宰杀前施用，药物残留更为严重，造成动物性食材中药物残留物严重超标。其三，据不完全统计，通过带有病毒的动物性食材传播给人类的疾病多达30余种。如由寄生虫、病原菌、病毒等引起的旋毛虫病、禽流感、疯牛病、口蹄疫等，烹制卤菜的食材基本上都是来自农贸市场，病死禽畜肉、有害物质超标的肉品等容易通过农贸市场进入消费环节，带来食材安全问题。再有，卤菜店主大多都是小本经营者，为牟取利益、降低成本，会选择新鲜度不佳或者销售商的扫篮货、尾货等，虽然这些食材还在保质期内能够正常食用，可用于烹制卤菜，但这些食材的各项理化指标和新鲜度都已经大大降低，还是会给卤菜质量留下安全隐患。

综上所述，卤菜质量安全首先在于食材的安全，所以卤制原料供应商应选择规模较大的现代化企业或领头羊企业提供货源，尽量选购新鲜无公害食材，才能从源头上提高和保证卤菜的质量安全。

二、卤菜安全

卤菜的烹制和销售环境直接影响其品质安全，微生物可以通过空气、水、用具、调味料、人或动物等多种途径污染卤菜。而由微生物引起的食源性疾病是最容易发生和常见的，以下存在的问题都有可能引发卤菜安全事件发生。

（一）烹制环境

卤菜烹制环境多数较差，烹制场地狭窄，缺乏食材初加工、贮存、烹制等场所，如小作坊、日常家居环境或销售现场，通常这些地方不具备安装空气消毒设施设备的条件，因此空气卫生状况基本上不合格；烹制间未安装紫外线灭菌灯；操作间与更衣室之间无缓冲间，甚至无更衣间；设备布局和烹制工艺流程不合理，待烹制食材和卤菜（直接入口食用）存在交叉污染；盛装卤菜器皿、用具未进行消毒；垃圾未及时处理，垃圾桶未密闭；烹制现场有苍蝇、蟑螂、老鼠等出没等。这些情况均可导致卤菜被大肠杆菌、沙门菌、志贺菌等污染，食用这些被污染的卤菜将引发食物中毒。

（二）烹制过程

部分卤菜经营者为了追逐利益，使其颜色艳丽，延长保质期在烹制过程中超标使用食品添加剂，如护色剂、水分保持剂、防腐剂、着色剂等。最常见的就是违禁使用亚硝酸盐、柠檬黄、日落黄等。亚硝酸盐与卤菜中的胺类物质结合生成亚硝酸胺，产生致癌作用；柠檬黄为水溶性合成色素，作为食品添加剂如使用过量，通过蓄积作用，就会对人的肝脏、肾脏造成危害。

（三）销售环节

卤菜是直接入口食品，销售过程与工具、容器、销售者的手等频繁接触，极易受到微生物污染，卤菜的营养成分使微生物快速生长繁殖，是卤菜安全的主要因素之一。主要现象为：销售卤菜店不能满足操作需要，有的占道经营（如脏、乱、差的农贸市场）露天摆放，无遮无盖；销售门店没有设立专用用具消毒间、消毒池，没有充分利用空调、紫外线消毒灯、玻璃窗、纱窗等经营设施，容易造成卤菜变质变味；销售人员不穿工作服、不戴工作帽、口罩和手套，收钱交货一人操作；未设置隔离设施以确保卤菜不能被消费者直接接触，没有禁止消费者触摸的标志；卤菜包装袋不符合国家标准，卫生状况无法得到保障，给食用卤菜带来一定安全隐患。

卤菜经营者首先必须科学地完善自身基础设施建设、建立完善的加工操作平台和销售门店；提高从业人员食品安全意识、卫生消毒意识；杜绝使用违禁添加剂，选用无毒添加剂并按国家要求严格控制用量；同时要建立一整套完善的管理制度，规范卤菜烹制（生产）和销售行为，才能有效地控制卤菜质量安全。

卤菜安全问题涉及整个供应链，对卤菜食材的采购、运输、存储、烹制、销售环节进行全面质量管控。完善采购、烹制、销售的链接方式，从而提高卤菜质量安全，减少或避免卤菜安全事件发生。

参考文献

［1］李新. 川菜烹饪事典[M]. 成都：四川科学技术出版社，2013.

［2］毛羽扬. 烹饪调味学[M]. 北京：中国纺织出版社，2018.

［3］兰玉. 川味卤菜卤水秘方[M]. 成都：四川科学技术出版社，2007.

［4］张正雄，周泽. 川味卤菜[M]. 成都：四川科学技术出版社，2003.

［5］徐世阳. 烹饪实用辞典（汉英对照）[M]. 北京：中国物资出版社，2005.

［6］李朝霞. 中国烹饪技法辞典[M]. 太原：山西科学技术出版社，2014.

［7］孙宝国，陈海涛. 食用调香术[M]. 3版. 北京：化学工业出版社，2015.

［8］刘自华. 老川菜烹饪内经[M]. 郑州：中原农民出版社，2007.

［9］马自超，陈文田，李海霞. 天然食用色素化学[M]. 北京：中国轻工业出版社，2016.

［10］霍金斯（Hawkins，K.）香草香料鉴赏手册[M]. 顾宇翔，葛宇，蒋天华，译. 上海：上海科学技术出版社，2011.

［11］李良松，刘懿，杨丽萍. 香药本草[M]. 北京：医药科技出版社，2007.

［12］王国强. 全国中草药汇编[M]. 3版. 北京：人民卫生出版社，2014.

［13］关培生. 香料调料大全[M]. 上海：世界图书出版公司，2005.

［14］王建新，衷平海. 香辛料原理与应用[M]. 北京：化学工业出版社，2004.

［15］杨国堂. 中国烹调工艺[M]. 上海：上海交通大学出版社，2015.

［16］李长茂，任京华. 中餐烹调技术与工艺[M]. 北京：中国商业出版社，2016.

［17］魏峰，魏献波. 国家药典中药实用图鉴[M]. 北京：光明日报出版社，2015.

［18］卫晓怡. 食品感官评价[M]. 北京：中国轻工业出版社，2018.

［19］王颖，易华西. 食品安全与卫生[M]. 北京：中国轻工业出版社，2020.